认识地理

探索变化的世界

[印度] 奥姆少儿出版社 / 著　　　　王晨　何亚 / 译

重庆出版集团 重庆出版社

Copyright © Om Books International, India

Copyright Artworks © Om Books International

Originally Published in English by Om Books International

107, Darya Ganj, New Delhi 110002, India, Tel: +911140007000,

Email: rights@ombooks.com

Website: www.ombooksinternational.com

Simplified Chinese Edition Copyright © 2021 Beijing Highlight Press Co., Ltd

All rights reserved.

版贸核渝字（2020）第198号

图书在版编目（CIP）数据

认识地理：探索变化的世界 / 印度奥姆少儿出版社著；王晨，何亚译. — 重庆：重庆出版社，2021.10

ISBN 978-7-229-15987-0

Ⅰ.①认… Ⅱ.①印… ②王… ③何… Ⅲ.①地理 – 世界 – 青少年读物 Ⅳ.①K91-49

中国版本图书馆CIP数据核字 (2021) 第165780号

认识地理：探索变化的世界

［印度］奥姆少儿出版社　著　王　晨　何　亚　译

出　　品：🐘华章同人

出版监制：徐宪江　秦　琥

责任编辑：徐宪江

特约编辑：李　翔　王玮红

责任印制：杨　宁

营销编辑：史青苗　刘晓艳

重庆出版集团
重庆出版社 出版

（重庆市南岸区南滨路162号1幢）

投稿邮箱：bjhztr@vip.163.com

北京华联印刷有限公司　印刷

重庆出版集团图书发行有限公司　发行

邮购电话：010-85869375/76/78转810

重庆出版社天猫旗舰店
cqcbs.tmall.com

全国新华书店经销

开本：889mm×1194mm　1/16　印张：16.25　字数：228千

2021年11月第1版　2021年11月第1次印刷

定价：158.00元

如有印装质量问题，请致电023-61520678

GEOGRAPHY
ENCYCLOPAEDIA

目 录

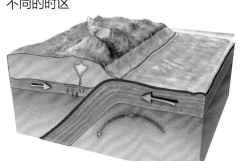

▶ 大自然的一抹绿色

▶ 缤纷的水世界

▶ 地球的大气

地理学概览

  根据定义，地理学是研究地球的物理特征、大气、人口和资源空间分布规律，以及人类活动对其产生影响的一门学科。

  英文中的地理学"geography"源自希腊语的"geographia"，意思是"对大地的描述"。古希腊数学家和地理学家埃拉托色尼（Eratosthenes，前276—前194）是第一个使用这个词汇的人。埃拉托色尼以首次计算了地球的周长、地轴倾角，以及太阳和地球的距离而著称。

埃拉托色尼创建了地理学这门学科

大地的形状

在古代诸文明中，地球的形状是一个曾引发过许多争论的话题。世界各地的学者纷纷提出了相关的理论。有些学者认为大地是方形的平面，这大概是《圣经·旧约》的某一节提到大地有"四角"的原因。当时，极少有人认为大地是球形的。

"大地和木头一样轻"

泰勒斯（Thales）是一位古希腊哲学家，出生于爱奥尼亚的米利都城，创建了古希腊最早的哲学学派——米利都学派，对地球形状的问题进行了长久而艰深的思考。他坚信大地漂浮在水上，说大地像一根原木一样被建造出来，还认为大地很可能是由某种轻而且中空的物质构成的，这样它才能漂浮在水上。他认为自己家乡附近的岛屿（四面环水的部分陆地）可以支持他的理论，因为它们看上去是漂浮在水面上的。

▶ 泰勒斯的学生阿那克西曼德所构想的地球形状示意图

"地球是扁平的圆柱体"

阿那克西曼德（Anaximander）与其老师泰勒斯一样，认为地球是漂浮的，并认为它不需要水或其他物质来支撑。他坚信地球位于宇宙的正中央，并且能够自我支撑。阿那克西曼德提出这套理论的依据是他的宇宙学理念，即太空中的其他天体都围绕地球旋转。因此，阿那克西曼德认为地球是一个扁平的圆柱体，其宽度是高度的 3 倍。

▶ 扁平的圆柱形地球漂浮在水上的示意图

"大地是球形的"

来自马其顿的古希腊学者亚里士多德（Aristotle）认为大地是球形的。他的这一理论基于日常的观察。亚里士多德注意到当一艘远行的帆船船体消失不见时，它的桅杆还露在海面上。他还观察了月食时地球投在月亮上的影子，发现这个影子是弧形的。

大象帮助亚里士多德建立了理论

亚里士多德在从希腊向西旅行的途中见到了大象（在他生活的地方很罕见）。后来，他在从希腊向东旅行时也见到了大象。然而，亚里士多德没有意识到这些大象的类别不同，所以错误地认为自己是沿相反的方向到达了同一个地方。因此，他觉得大地是球形的。事实上，他在希腊西边见到的大象是非洲象，而在希腊东边见到的是亚洲象。

▶ 亚里士多德在旅途中见到的两种不同类别的大象

非洲象　　亚洲象

地理学的发展历史

　　得益于人们对自然和环境的兴趣，地理学作为一门学科慢慢发展起来。对于真理的渴望促使人们踏上艰难且常常十分危险的旅程，前往世界的另一端。随着地理学研究的日益流行，世界似乎变得越来越小。

古代地理学

　　地理学首先在古希腊文明中获得实践，并被适当地加以发展。据说这个时代的诗人荷马（Homer）用自己的一生为地理学的发展奠定了基础。他的诗包含了许多关于地理学的理论和思想等信息。他也是对地球在宇宙中的位置和地球的形状这一主题做出贡献的思想家之一。荷马曾画过一幅地图，描绘了他所构想的世界。然而，泰勒斯则是最早将这个问题带入古希腊学者视野中的哲学家之一。

中世纪地理学

　　古罗马、古阿拉伯、中国和古印度等地的学者保留、传播并进一步补充了古希腊早期思想家的观察和记录。阿拉伯学者运用地理学中的数学方法精确地计算出了地球的纬度和经度。在伊斯兰黄金时代（8—13世纪）曾有过几次测量地球大小的尝试，像伊德里西（Idrisi）、阿布·比鲁尼（Al Biruni）和伊本·白图泰（Ibn Battuta）等地理学家都有不俗的表现。在中世纪后半期，马可·波罗（Marco Polo）的旅行为阿拉伯之外的学者带来了探索地理空间的新的兴趣点。

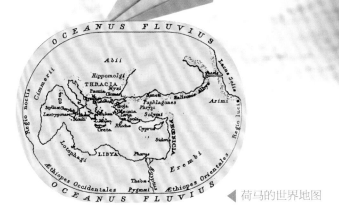

◀ 荷马的世界地图

近代地理学

　　德国地理学家卡尔·李特尔（Carl Ritter）根据对自然界各方面的认知建立了自己的理论，并将它们与人类身体和思想的运转相对比。他将同胞亚历山大·冯·洪堡（Alexander von Humboldt）视为自己的精神导师，后者是一位地理学家兼探险家，为了更好地了解我们的地球，曾经进行过多次远征探险，并发明了地理学中的数学方法。

　　因此，洪堡与李特尔两人被共同视为现代地理学的创立者。亚历山大·冯·洪堡对生物地理学也做出了重大贡献，如今这门学问成为地球科学与生态学方向的学者们重要的研究领域。

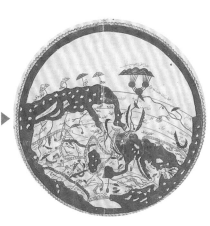

一张地图概览，摘自伊德里西于1154年所著的《世界地图集》（这里的南半球被标注在地图上部）▶

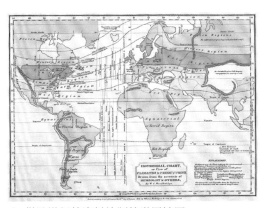

▲ 借助洪堡的资料绘制的世界地图

埃拉托色尼——地理学先驱

地理学是一门描述一切与地球有关的自然与人文要素的科学。自问世以来，地理学在一代又一代学人的努力下，取得了多次重大的发展。

▲ 哥伦布在他的航行中采用了埃拉托色尼的测量数据

《地理学》

埃拉托色尼被称为"地理学之父"。他将自己的地理知识编纂为一部三卷本的著作，名为《地理学》（*Geographika*）。在书中，他根据当时已知的世界绘制了一张世界地图，也即他所了解的世界。在这张地图中，埃拉托色尼将地球分成 5 个气候带。他在其中一个气候带里标记了赤道和两条回归线。埃拉托色尼基于网格系统制作了这张地图。

在埃拉托色尼之后，一些学者根据他的地图建立了自己的理论。虽然埃拉托色尼绘制的地图现已湮没无存，但我们仍可以在后世的一些学者如斯特拉博（Strabo）、马西阿努斯（Marcianus）和普林尼（Pliny）的作品中见到一些引用的片段。

埃拉托色尼是谁？

埃拉托色尼在公元前 276 年出生于古希腊殖民城市昔兰尼（Cyrene）。作为亚历山大图书馆的馆长，他探索了地理、数学、诗歌、音乐和天文学等多个领域。地理学这门学科就是由他创立并命名的。

地球的周长

埃拉托色尼最广为人知的事迹是，他是第一个测量地球周长的人。在当时，人们并未掌握可提供准确测量结果的技术或设备，人造卫星要到 2 000 多年之后才会被发明出来，但埃拉托色尼却能得出相对准确的地球周长。

埃拉托色尼在测量地球周长时使用的是当时常用的长度单位——"视距"（stadia）。在计算时，他使用了一个不正确的假设，即地球是完美的球体。埃拉托色尼算出的地球周长是 252 000 视距，虽然视距的确切长度我们现在已经无法考证，但是现在普遍认为他推断出的距离为 39 690~46 620 千米。而地球赤道的周长实际上是 40 075.02 千米，由此看来，他的测量结果在当时来说已经相当精确了。

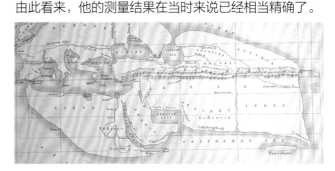

▲ 19 世纪时，埃拉托色尼所绘制的世界地图重现于世

古代地理学家

　　克罗狄斯·托勒密（Claudius Ptolemy）和穆罕默德·伊德里西（Muhammad Al Idrisi）均为古代著名的地理学家。托勒密于约公元90年出生在埃及，当时埃及是古罗马帝国下辖的一个行省。公元1100年，伊德里西诞生在一个叫休达（Ceuta）的地方，这个地方如今是西班牙的海外自治市。

克罗狄斯·托勒密

　　克罗狄斯·托勒密是一位数学家、天文学家、占星家和地理学家。他的研究为地理学与数学建立起一种联系。托勒密撰写了一部名为《地理学指南》的专著，在书中汇集了古希腊有关数理地理的知识。这本著作大量参考了泰尔的马里努斯（Marinus of Tyre）的工作，其最大功绩在于应用经纬度来确定山川、城市的位置，并据此确定它们的地理空间位置，开创了近代绘图学的先例。

穆罕默德·伊德里西

　　穆罕默德·伊德里西是一位制图师兼地理学家。他应西西里国国王罗吉尔二世（Roger II）的邀请，来到巴勒莫，任宫廷地理学家，从事学术研究。伊德里西从很小的年纪起就开始在北非以及摩尔人治下的安达卢斯地区游历，对这些地方的了解十分深入。16岁之前，伊德里西就已到访过小亚细亚半岛，后来还陆续游历了葡萄牙王国、比利牛斯山、法国大西洋沿岸地区、匈牙利、约克城。

　　1154年，伊德里西完成了巨著《罗吉尔之书》（Tabula Rogeriana），又称《云游者的娱乐》。它依据罗吉尔二世派往各地实测者提供的大量第一手资料，且结合了伊德里西本人在各地游历的见闻，记述了世界区域划分、气候区、各国的地理位置、岛屿城市、山川河流、物产、交通要道及政治、经济、宗教民俗等。该书附有各类地图70多幅，均以经纬线正交的方法绘制。在出版后的300年内，欧洲人一直把这本著作视为地理学的权威著作。

休达的伊德里西雕像 ▶

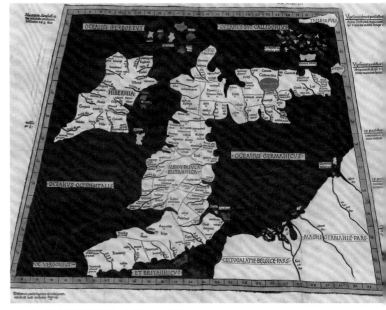
▲《地理学指南》中的一张地图

游记中的不准确之处

　　后世的历史学家经过研究指出了伊德里西游记（《罗吉尔之书》）中的一些矛盾和错误。例如，伊德里西声称在爱尔兰和冰岛之间航行只需一天时间。但在当时的历史条件下，这是不可能达成的。另外，在阅读了书中对冰岛的描述之后，一些历史学家认为伊德里西描述的地方其实是格陵兰岛。

近代地理学的创立者

　　德国地理学家卡尔·李特尔和亚历山大·冯·洪堡被并称为"近代地理学的奠基人"。哈尔福德·麦金德 (Halford John Mackinder) 是英国地理学家与地缘政治家，提出了著名的"心脏地带理论"，强调地理学对历史与全球政治研究的重要性。

卡尔·李特尔（1779—1859）

　　卡尔·李特尔少时即表现出对人与自然现象之间关系的高度敏感，自 1820 年起在柏林洪堡大学任职。李特尔于 1817 年出版了卷帙浩繁的巨著《地学通论》的第 1 卷。这本书在其逝世之前已写到第 19 卷，但仍未写完。

　　李特尔主张对区域地理的研究应强调各种地理现象之间的因果关系，从而揭示区域个性。他研究的核心关注是人与自然界之间的关系。

亚历山大·冯·洪堡（1769—1859）

　　亚历山大·冯·洪堡是 19 世纪科学界最杰出的人物之一。他在 1799—1804 年曾前往南美洲旅行探险，对当地的火山、海洋、植物、矿产、气候、水文等进行了广泛的研究与分析，后来又到美国和中亚进行科学考察。由于学识广博且德高望重，洪堡被选为法国巴黎地理学学会主席及法兰西学院的外籍院士。

　　洪堡开创了许多地理学界的重要概念，如等温线、等压线、地形剖面图、植被的水平与垂直分布、大陆性与海洋性气候等。此外，他还发现地磁强度从极地向赤道递减的规律、火山分布与地下裂隙的关系等。洪堡在晚年撰写了一部五卷本的巨著《宇宙》。

伊曼努尔·康德（1724—1804）

　　伊曼努尔·康德是德国的一位哲学家，常常涉猎地理学科。与卡尔·李特尔及亚历山大·冯·洪堡一样，他在地理学领域的作品也成了地理学如今被视为正统科学的主要原因之一。他相信无论在自然科学、数学，还是逻辑学，甚至是文学中，地理学始终占有一席之地。他强调了地理学在学术上的重要性。他开始按照地点对事物、人和事件进行分类。这不同于按照时间进行分类的历史叙述。

▼ 亚历山大·冯·洪堡的肖像

> **有趣的事实**
>
> 伊曼努尔·康德（Immanuel Kant）发表了很多针对宗教的尖锐评论，令普鲁士国王大为恼火。国王下令禁止康德写作关于宗教的内容，这条禁令在国王死后立刻就被康德置之不理了。

女性对地理学的贡献

　　地理学早期的发展史鲜见女性的踪迹。这是当时的社会条件和对女性的态度导致的。自18、19世纪开始，女性学者逐渐在地理学领域获得了更多的关注。伊莎贝拉·伯德（Isabella Bird）和哈丽雅特·查默斯·亚当斯（Harriet Chalmers Adams）是其中两位有着重要影响力的女性。

伊莎贝拉·伯德（1831—1904）

　　伊莎贝拉·伯德是19世纪的一位英国女性探险家、摄影家和作家。由于为地理学做出众多贡献，她在1892年被英国皇家地理学会接受，成为该学会的首位女性成员。伯德数十年间在许多期刊上发表过专题文章。

◀ 伊莎贝拉·伯德在晚年以慈善为目的到访印度。去世前，她还计划前往中国

哈丽雅特·查默斯·亚当斯（1875—1937）

哈丽雅特·查默斯·亚当斯生于美国，是一位女性探险家、摄影家和作家。在20世纪初，她在南美洲、亚洲以及南太平洋地区广泛游历，并将所见所闻发表在《国家地理》杂志上。

亚当斯的首次探险是在1900年。她与丈夫一起前往南美洲，用3年的时间探访了这块大陆上的每一个国家。她像男人一样骑在马背上，穿越了地形复杂的安第斯山脉。在第一次世界大战期间，亚当斯作为《哈泼斯杂志》的战地记者，是当时唯一一位被允许走上前线的女性新闻工作者。1925年，亚当斯推动成立了"女性地理学家学会"。《纽约时报》在一篇文章中赞誉亚当斯是"美国有史以来最伟大的女性探险家"。

　　伊莎贝拉自年幼时起便患有神经性头痛、失眠等病症，医生建议她多到室外活动。后来，她在年仅19岁时做了一个脊柱肿瘤摘除手术。该手术在一定程度上是成功的，但却给她带来了失眠和抑郁。因此，在1854年，医生建议伯德进行一次海上旅行，伯德便带着父亲给的100英镑前往美国，从此开启了她的探险之旅和写作生涯。伯德在美国期间写给姐姐的一些书信被整理出版。《英国女人在美国》是她的第一本著作。之后，伯德又先后前往澳大利亚、美国落基山脉地区、日本、中国、新加坡等地。1889年，伯德在经历了重病难愈、丈夫逝世等挫折之后，再次决定前往印度，希望完成丈夫的遗愿，并帮助更多的人。她在当地建起一所医院，并跟随英军部队到访巴格达和德黑兰等城市。

▼ 伊莎贝拉·伯德为她的书绘制的插图，展示了她在旅途中的所见

地理学的意义和分支

　　人类的历史与地球的形成及历史有着紧密的联系。因此，地理学中的概念往往是从会给人类带来潜在好处还是危害的角度来加以定义的。人类对环境造成的重大影响，反过来也会影响人类自身。

　　例如，在全世界范围内，人们一直在砍伐树木，却没有种植更多树木作为补充。这种行为影响了我们的环境，具体表现如气候变暖和极地融冰。受此影响，世界部分地区正在经历更炎热的夏天和稀少（或不规律）的降水。

我们为什么研究地理学？

　　我们研究地理学是为了理解与地球和大自然相关的事物，以及：

- 了解地球的运转方式，例如白天和黑夜的形成原因、四季的变换以及水的循环过程。
- 在地图的帮助下确定地理位置，并了解各地的自然环境和气候特征。
- 了解地球的自然环境和气候特征之间的关系，以及它们对人类和其他生物的影响。

地理学的分支

　　地理学这门学科可大致分为两个分支——自然地理学和人文地理学。

● 自然地理学

　　自然地理学是研究自然地理环境的结构、功能特征及其空间差异，以及地球各自然要素之间动态变化的规律和形成原因的学科。例如地球上水的循环过程、全球的气候差异特征及其形成原因等方面，都是自然地理学的研究内容。

● 人文地理学

　　人文地理学以人地关系为理论基础，研究各种人文现象的地理分布特征、扩散规律等内容，是探究人类活动的地域结构及其形成机制的学科。例如某个区域的人口数量及其与其他区域的差异，世界上不同地方的居民的行为和互动方式的差异、职业和兴趣的差异，由环境而引起的出行差异，等等。

> **旅游地理学**
>
> 旅游地理学是地理学的一个小分支，研究旅游行为及其对人和地理环境的影响。旅游从业者往往会向该领域的专家咨询，以了解哪些地方最受游客欢迎及其背后的原因。

地理学的一些分支关注地球如何被人类活动所影响 ▶

神秘的宇宙

  宇宙容纳了太阳系的所有行星（包括地球）、银河系以及另外至少 1 000 亿个星系。它是所有物质和能量的总和。宇宙在英语中被称为 "cosmos"，意思是复杂但有秩序的体系。

  据说，宇宙诞生之初是一团极度黑暗、炽热和沉重的物质。我们不太清楚它的性质、来源以及形成机制。然而，我们知道它在数十亿年的时间里持续膨胀并逐渐冷却，形成了如今的样貌。这就是大爆炸理论（Big Bang）。

  大爆炸理论是现代宇宙学中最有影响力的一种学说，它的主要观点是认为宇宙曾有一段从热到冷的演化过程。这个时期内，宇宙不断地膨胀，物质密度从密到稀，就如同一次规模巨大的爆炸。

宇宙之内

　　我们每个人都生活在地球上，并与 70 多亿人共享着它，与人类一起共享地球的还有其他动物、植物和庞大的水体。地球、其他行星以及太阳位于太阳系之中，而太阳系则位于银河系之中。

　　宇宙中至少有 1 000 亿个像银河系这样的星系。每个星系都有数十亿颗恒星、若干星座，以及大量的卫星、小行星和其他星体。这些被统称为"天体"的物质共同构成了宇宙。

宇宙有多大？

　　据说宇宙是无限的，或者说没有尽头，但这一点尚未得到证实，没有人知道宇宙是否有尽头。因为宇宙中有些地方，我们虽然知道它们的存在，现有的技术却无法对其进行探索。除此之外，我们对宇宙中很多地方一无所知，甚至看不到它们，这意味着我们无法去探索它们。因此，我们无法测量或者获知整个宇宙的大小。

　　从地球上可以看到和观察到的宇宙区域被称为"可观测宇宙"。如果将这个可观测宇宙的形状设想为椭圆形，那么它的直径将有 930 亿光年，大得足以容纳 1 000 亿个星系。

宇宙是一个不断膨胀的球体。所有星系都在彼此远离退行，离得越远，退行速度越大。于是，在观察者看来它们要略小一些 ▶

光年

　　光年是一种长度单位，指的是光在真空中一年里所经过的距离，1 光年约等于 94 607 亿千米。我们用这个单位测量宇宙中恒星以上的各天体之间的距离。

测量空间

　　你听说过天文单位（Astronomical Unit, AU）吗？它是一种长度单位。我们将地球与太阳之间的平均距离定义为 1 个天文单位 ，即 1 个天文单位等于 149 597 870.7 千米。这种单位被用于测量不同行星或者某颗行星与其恒星之间的距离。

有趣的事实

我们看不见距离非常远的物体，这一现象不仅与空间距离有关，还与时间息息相关。比如，太阳光从太阳表面射出后大约需要 8.3 分钟才能到达地球。这也就是说，我们之所以能够看到太阳，是因为我们能够看到太阳在 8.3 分钟之前发出的光。如果某颗星与我们距离过远，它发出的光就没有足够的时间到达我们的眼睛，我们也就无法看到它。

可观测宇宙

这张照片展示了尚未形成众多恒星和星系的宇宙，因此它被称为宇宙最早的照片。但是这些地方的光抵达我们也需要很长的时间，因此我们观测到的已经是这些天体很久之前的样子，所以又称为最古老的照片。

可观测宇宙的半径为 460 亿~470 亿光年。

▲ 这张照片被称为宇宙最早也最古老的照片

宇宙是由什么构成的?

为了理解宇宙是如何以及为什么演化成今天这个样子，我们需要知道它的构成。基于现有的科学结论，我们认为宇宙由 3 种不同类型的物质构成：正常物质、暗物质和暗能量。然而，这个结论至今仍充满争议。

暗物质和暗能量

暗物质无法用望远镜看到。它有很大的引力，对具有一定质量的可见天体有显著的影响。暗物质虽然是不可见的，但科学家们认为宇宙的 25% 是由暗物质构成的。

据称，宇宙的很大一部分是由暗能量构成的。我们对它所知不多。科学界关于暗能量有很多互相矛盾的观点。许多人认为暗能量遍布我们这个无限的宇宙，是推动宇宙不断膨胀的重要因素。然而，有些人却认为这种能量并不存在。

▲ 艺术家对空间中暗物质的想象

"生命物质"

原子由质子、中子和电子构成，它们被称为"正常物质"或"重子物质"。构成原子的 3 种粒子也被统称为"生命物质"。恒星以及包括人类在内的地球万物都是由质子、中子和原子构成的。氢、氦、碳、铀和铁也由这些质子和中子组合而成。数十年前，人们误以为整个宇宙均由正常物质构成，但现在我们知道它们只占到宇宙所有物质的大约 5%。

布满恒星的星系

　　星系源自于希腊语的"galaxias"，星系是由受到引力而相互吸引的数十亿颗恒星、气体云团、尘埃和暗物质形成的组合。星系中也包含相对较小的星团。

　　由于我们尚无法探索整个宇宙，我们目前不知道宇宙中究竟有多少个星系。

星团

星团是指恒星数目超过 10 颗以上，并且相互之间存在物理联系的星群。星团可大可小，呈现出不同的形状。有些星团已有 10 亿年的历史，而另一些星团则是数千年前才刚刚形成的。

星系的类型

　　在仔细地研究不同星系的结构和形状之后，天文学家将它们划分为椭圆星系、旋涡星系和不规则星系。

你想观察星系吗？

星系距离我们非常遥远。然而，有些星系非常明亮，以至于我们在地球上不用借助望远镜或者任何专业设备就能看到它们。即使在黑暗的新月之夜，我们也能观察到距离地球最近的仙女星系！

椭圆星系 ●————

　　顾名思义，椭圆星系拥有椭圆形或卵形的外观，可能是扁平的或者稍呈球状。这些星系极少形成新的恒星，因为它们缺少形成恒星所需的气体和尘埃云。椭圆星系所包含的主要是较古老的恒星。天文学家认为每个椭圆星系的中央都有一个黑洞，而且这个黑洞的质量占了该星系质量的大部分。

旋涡星系 ●————

　　旋涡星系是宇宙中更为常见的星系类型。它呈扁平状，在中央有一个凸起，这个凸起部分被称为"星系核球"，由于其包含了许多由古老恒星构成的星团而显得极为明亮。一些星系臂从核球向外呈螺旋状展开。它们形成了一种足以孕育恒星的、扁平的盘状结构。旋涡星系中有许多年轻的恒星。

仙女星系

椭圆星系

旋涡星系

▲ 我们的银河系就位于室女超星系团内，该超星系团拥有大约 100 个星系

室女超星系团

我们将一组星系称为"星系团"，它是由星系组成的自引力束缚体系，通常包含了数百到数千个星系。所谓"本星系群"（Local Group）是由包括银河系和仙女星系在内的大约 50 多个星系构成的规模较小的星系团。另一个星系团——室女星系团（Virgo Cluster）位于距我们大约 5 400 万光年的地方。这两个星系团都是室女超星系团（Virgo Supercluster）的一部分，后者的直径大约为 1.1 亿光年。

有趣的事实

根据钱德拉太空望远镜拍摄的图像，科学家已经能观测到位于银河系中心的黑洞，它被命名为人马座 A*（Sagittarius A*），质量是太阳的 400 多万倍！

▲ 搭载钱德拉太空望远镜的钱德拉 X 射线天文台（Chandra X-ray Observatory）

棒旋星系 ●

在某些旋涡星系中，一条由恒星和其他物质组成的棒状结构穿过它们的中心。这些旋涡星系被进一步细分为棒旋星系。银河系就是一个棒旋星系。

不规则星系 ●

每个星系都有特定的形状。顾名思义，不规则星系拥有一个不规则的外观。不规则星系最初可能是一个旋涡星系。然后在某个时点，这些星系可能接触或穿过了另一个星系，导致其形状发生了巨大的改变。这个相互作用的过程会导致新恒星的形成。因此，不规则星系往往含有大量非常年轻的恒星。

银河系 ●

银河系是地球以及太阳系中其他天体的家园。它呈扁平状，形状像一个圆盘。地球与银河系的中心相距大约 26 000 光年。借助钱德拉太空望远镜，我们得以一窥银河系中心的真容。如同所有棒旋星系一样，银河系的中心含有大量恒星和星团。

棒旋星系

不规则星系

银河系

我们的太阳系

我们的地球是太阳系的一部分。太阳系由地球、另外 7 颗行星、矮行星、小行星、流星体、彗星和卫星（包括天然卫星和人造卫星）构成。所有这些天体有序地围绕着太阳运转。太阳位于太阳系的中心。

一颗炽热、沸腾的恒星

太阳是太阳系中最大的天体，主要由宇宙中最轻的两种气体——氢气和氦气构成，它们的质量之和占据太阳系总质量的约 99%。太阳向地球提供能量、热和光。如果没有太阳和它为我们提供的一切，地球上不可能有生命存在。

太阳是一颗恒星，主要由气体构成，包括大约 74.9% 的氢气和 23.8% 的氦气。太阳的核心持续不断地发生核反应，那里的氢气被转化为氦气。这个过程就是太阳制造能量的方式。

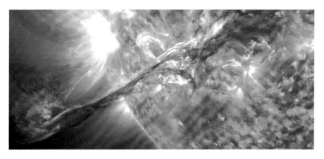

▲ 太阳表面的一次喷发

太阳有多热？

太阳温度非常高。从地球上看，太阳呈黄色或橙色。这是因为它的表面温度约 5 500℃。尽管太阳如此炽热，但是在银河系乃至整个宇宙中，却不乏比太阳更大、更亮、更炽热的恒星！宇宙中还有一些远比太阳巨大的恒星。

太阳位于太阳系的正中心吗？

太阳并非位于太阳系的正中心。当我们说太阳位于太阳系的中心时，要知道，这并非像一个圆的圆心那样。不过，太阳的位置非常接近太阳系的正中心。

> **有趣的事实**
> 地球上最大的洋是太平洋，太阳系中最大的洋在火星。

火星

地球

金星

水星

地心说

我们在更正一些错误观念之后，才真正认识了太阳系的结构并建立起今天为人们所熟知的太阳系知识。人们过去认为地球是太阳系的中心，太阳围绕地球运转。由于我们在地球上看到太阳每天在不同时段处于不同的

> **人们为什么相信地心说？**
> 亚里士多德支持地心说模型和地球静止不动的理论。他认为我们感受不到地球的运动，是因为它本来就不移动。他认为地球的运动应该会产生风，这种风就会迫使云和鸟类时刻不停地运动才能与地球的运动保持同步。

▲ * 2006 年，国际天文联合会（IAU）正式定义了行星的概念，将冥王星划为矮行星（类冥天体）

位置，所以才会产生地球位于太阳系的中心这一错觉。

很久之前，人们认为地球是静止的，它并非处于一种运动的状态中，这就是曾一度被认为是真理的地心说。

"地球不是行星"

根据地心说，地球不是一颗行星，而是位于太阳系中心的天体。依据这一模型的分类，月球和太阳都被看作是与水星、金星、火星、木星和土星一样的行星。

然而，其他持反对意见的学者无法解释或理解这种模型。公元前 200 年，来自古希腊萨摩斯的思想家阿利斯塔克（Aristarchus）首先提出太阳而非地球可能是太阳系的中心。然而，他的理论最初并不被大众所接受，因为这不能解释太阳和月亮在天空中为什么会不断改变位置。

地出（Earthrise，也称地球上升）是有史以来首张由宇航员从太空拍摄的地球照片

日心说

16 世纪，著名的天文学家尼古拉·哥白尼（Nicolaus Copernicus）仔细研究了阿利斯塔克的理论，并据此构建出日心说模型。在这个模型中，地球和其他行星一起环绕太阳运转。哥白尼将地球排在水星和金星后面，并指出月球环绕地球运转。他还说明了是地球的自转使得太阳和行星看上去好像是在围绕地球运动。

伽利略（Galileo）和约翰内斯·开普勒（Johannes Kepler）在哥白尼理论的基础上，进一步发展了日心说模型。他们试图找到数学和科学的证据，并回应了同行们提出的一些疑问。

▲ 日心说模型的示意图

了不起的岩质行星

与气态巨行星不同，岩质行星是以硅酸盐石作为主要成分的行星。岩质行星包括距离太阳最近的 4 颗行星——水星、金星、地球和火星。它们是由岩石及铁等固态矿物构成的。因此，它们又被称为"内行星"或"类地行星"。

 水星    金星    地球    火星

水星

水星是距离太阳最近的行星，也是太阳系中最小的行星。水星的公转速度很快，只需要约 88 个地球日就能环绕太阳运行一周。它的表面干燥而贫瘠，还有很多彗星和小行星撞击后留下的陨击坑。水星没有足够强大的大气层，因此无法避免这些撞击。其他行星虽然也有类似的陨击坑，由于它们具有水星所不具备的复原性的大气，随着时间的流逝，这些陨击坑会逐渐复原或被消除。

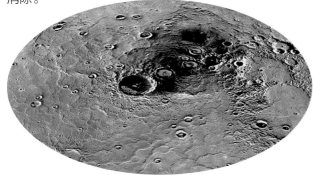

▲ 水星表面陨石坑的照片

水星上的气温

由于毗邻太阳，水星在白天的气温非常高，最高可达 430℃。夜晚的气温最低可以达到 -180℃，这是因为处于夜晚的那个半球背对着太阳。由于大气层过于稀薄，水星无法保存日间的太阳能，所以夜晚才会如此寒冷。

金星

金星是距离太阳第二近的行星。由于其结构和大小几乎和地球相同（金星稍小一点），它又被称为地球的"孪生星球"或"姊妹行星"。金星需要约 225 个地球日才能绕太阳运行一周，而它完成一次自转则需要约 243 个地球日。

金星的地表看上去是白色的，有时在阳光的映照下，也显示为红色。它的地表有许多陨击坑和成千上万座火山。

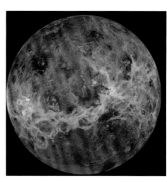

 金星的英文名"Venus"源自古罗马神话中爱与美之女神维纳斯

我们能在金星上生活吗？

不能。和水星不同，金星的大气主要由二氧化碳组成，并含有少量的氮气。由于位置靠近太阳，金星是太阳系中最热的行星，地表温度可高达 485℃。因此，人类不可能在金星上生活。

水星的大气是什么样子？

一颗行星需要强大的引力和磁场（以及其他条件），才能保留和控制自己的大气层。水星的引力很小，而它的磁场强度只有地球的百分之一，因此它的大气很容易被较强烈的太阳风吹走。如果水星具有一个可观的大气层，它就可以避免那些形成陨击坑的碰撞。

地球和它的邻居

地球和火星是太阳系中另外两颗岩质行星。科学家们已经陆续发现火星上存在液态水和盐水湖，众所周知，水是孕育生命的基本元素，因此我们期望有一天火星可以成为人类的第二家园。

地球

地球是距太阳第三远的行星。它是人类目前为止所知的唯一拥有生命的行星，人、树木、鸟类和昆虫等生命体共同生活在这里。地球完成一次自转要用24小时或一天。地球完成一次公转大约需要365天，它的公转能让我们感受到四季的变化。

地球概览

地球是最大的岩质行星，也是唯一一有71%的地表被水覆盖的行星。虽然其他行星也有大气，但只有地球上的大气是"可呼吸的"，也就是说，我们只能在地球上呼吸到维持生命运转的空气。大气层可以保护地球免受陨石的撞击。陨石在进入地球大气层之后，会分解成许多小碎块。

火星

火星是太阳系中排位第四的行星，火星土壤富含铁元素，日积月累，铁元素生锈并变成红色，从土壤里升腾起来的尘埃云团使火星的天空看起来红彤彤的。因此，火星又被称为"红色行星"。

火星环绕太阳公转一次大约需要2个地球年。火星上的一天比地球上的一天稍长一点。火星有两颗卫星，分别是火卫一（Phobos）和火卫二（Deimos）。

火卫二
火卫一

有趣的事实

火星的表面重力是地球的38%。这意味着如果你的朋友站在地球上，而你站在火星上，你们用同样的力气向上跳，由于火星表面较小的重力，你跳起的高度将是你朋友的3倍！

地球的天然卫星

月球是地球的天然卫星。地球和月球的形成时间大致相同，相距不到3000万年。月球的引力作用会引起地球表面水体的涨潮和退潮。

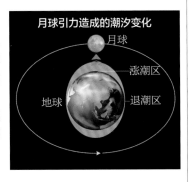

月球引力造成的潮汐变化

月球

地球

涨潮区

退潮区

火星上的水

人类将火星视为未来的家园，因为我们在它表面发现了水。然而，火星的大气层非常稀薄。在这里，几乎所有的水都无法以液体的形式储存。我们在火星的极寒地区发现了结成冰的水，也在另外一些地区发现了咸水。

庞大的气态巨行星

木星、土星、天王星、海王星被称为"外行星"。与岩质行星不同，它们均由大量氢气和氦气构成，因此也被称为"气态巨行星"或"类木行星"。

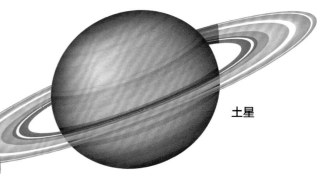

木星

土星

木星

木星是太阳系中排位第五的行星。无可争议，木星是太阳系中最大的行星，其质量是其他行星质量之和的 2.5 倍。它的体积是地球的 1 300 多倍。太阳、月球、金星和木星是太阳系中最明亮的天体，亮度依次递减。木星要用约 12 个地球年才能绕太阳公转一周。木星上的一天只有 9 小时 55 分钟，是八大行星中最短的。木星有 79 颗已知卫星，但科学家怀疑其实拥有更多我们尚未发现的卫星。

土星

土星在太阳系中排位第六。它是太阳系中第二大的行星。土星要用约 30 个地球年才能完成一次公转。土星和所有其他行星一样有自转，但是它的自转速度非常快。因此，土星上的一天只有不到 11 个小时。鉴于土星的自转非常快，它的大气层风速很快。从内核中散发出的热量，加上大气层中的狂风，在这颗行星的表面形成了许多金黄色的条带。

在木星的表面

作为一颗气态巨行星，木星没有岩质行星那样的岩石表面。不过，科学家现在认为木星可能有一颗如同地球般大小的固态内核。木星表面有致密的云层，呈现出棕色、红色和黄色等多种色彩。木星是一颗多风的行星。它的表面上有一个大红斑（Great Red Spot）。这个大红斑其实是一场直径比地球还大的风暴，表现出与飓风相似的性质，而且已经持续了很多年。

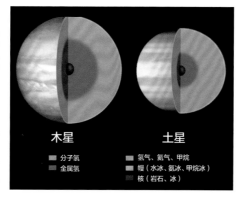

木星   土星

■ 分子氢   ■ 氢气、氦气、甲烷
■ 金属氢   ■ 幔（水冰、氨冰、甲烷冰）
                    ■ 核（岩石、冰）

土星的气态表层

土星的表层由氢气和氦气构成。自内核向外，有若干层液态氢和液态金属氢堆叠起来。土星的核由岩石、冰和其他固态物质构成。核心区域的高温和压力使得它的内核呈现为固态。

土星的卫星

最新的科学研究显示，科学家最新发现了 20 颗土星卫星，加上原先已经确认的 62 颗卫星，土星的卫星数量从 62 颗增加至 82 颗，一举成为太阳系中拥有已确认卫星数量最多的行星。土星的卫星在大小、形状和外观上都相差很大。它们的年龄也各不相同。接近土星的卫星有冰冻的表面和坚硬的壳。

有趣的事实

木星的大气中有相当大的一部分是氢气，也有少量的氦气。它的构成近似于太阳。如果木星的大小为现在的 80 倍，它就将成为一颗如同太阳一样的恒星。

不可思议的冰态巨行星

天王星和海王星是太阳系的最后两颗行星。从前，人们认为比海王星更远的冥王星也是一颗行星，但现在我们知道它只是一颗矮行星，并不是真正的行星。

赫歇尔用来发现天王星的望远镜的复制品 ▶

哈勃太空望远镜拍摄的天王星及其环、云带和卫星的照片 ▼

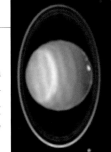

天王星

天王星是太阳系的第七大行星。天王星上的一年约等于地球上的 84 年。天王星和海王星被称为"冰态巨行星"。与木星和土星一样，天王星的大气由氢气和氦气组成，但其中也包含一定量的甲烷，天王星因此呈现出蓝绿色的外观。它的周围有 13 条行星环。

天王星

天王星是意外中发现的

1781 年，威廉·赫歇尔（William Herschel）在与自己的姐妹一起用自制望远镜观测天空时发现了天王星。他们一开始以为它只是一颗彗星。

天王星的单个季节长达 20 年！

天王星上的单个季节长达 20 个地球年，这是因为它是侧向旋转的。这与其他直立着绕其旋转轴自转的行星不一样，它在围绕太阳公转时，自转轴几乎就在公转轨道面上。天王星在围绕自己的轴自转时，就像一个侧着滚动的桶。天王星有着不同寻常的自转倾角。造成如此倾斜的自转轴的原因可能是，天王星曾经和一颗如金星般大小的天体发生过碰撞。这次碰撞或许发生在它形成之初的某个时期。

海王星

海王星是太阳系的第八大行星。它距离太阳如此遥远，因此要花大约 165 个地球年才能绕太阳公转一周。你认为海王星自 1846 年被发现以来完成了多少次公转？只有一次，在 2011 年才完成了我们所知的第一次公转！海王星上的一天长约 16 个小时。

海王星

海王星的大气

海王星的大气由氦气、氢气和甲烷组成。海王星可能像木星一样，有一个和地球差不多大或更大的固态核。科学家已经确认海王星有 14 颗卫星，而且正在研究另一个天体是否是它的卫星。

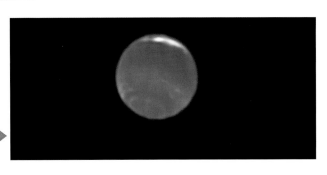

海王星得名自古罗马神话中的海神尼普顿 ▶

太阳系中的小型天体

　　奥尔特云（Oort Cloud）以荷兰天文学家简·奥尔特（Jan Oort）的名字命名，奥尔特认为相当一部分彗星来自一个环绕着太阳系的壳状结构。这个结构完全由超过 1 万亿个不同大小的冰质天体组成，这些冰质天体被称为"彗星"。

彗星

　　彗星是环绕太阳运行的、由冰和尘埃构成的天体。当彗星靠近太阳时，我们常常能看到它们，这是因为太阳辐射蒸发了彗星的表面物质，并形成一条明亮的彗尾。彗星先是沿着轨道靠近太阳，然后再离它远去。我们根据彗星的轨道周期为它们分类。环绕太阳一周要用 200 年以上的彗星被称为"长周期彗星"。科学家认为它们的源头是奥尔特云。

　　短周期彗星环绕太阳一周，只要用 200 年或更短的时间。哈雷彗星就是一颗短周期彗星。每隔约 76 年，我们就可以在地球上看到这颗彗星。短周期彗星来自柯伊伯带（Kuiper Belt）。

▲ 哈雷彗星下一次现身将在 2061 年

柯伊伯带

　　柯伊伯带是由包括矮行星在内的冰冻天体构成的一个盘状区域。它远在海王星的轨道之外，只比冥王星略近一些，拥有如甜甜圈一般的环形结构。

　　科学家对柯伊伯带、奥尔特云和其中的天体非常感兴趣，认为这里的彗星和其他天体是太阳系在形成过程中遗留下的残余物。它们或许可以为与太阳系起源有关的许多复杂问题提供答案。

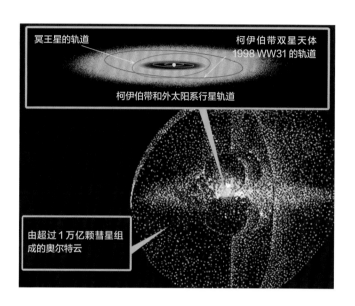

冥王星的轨道

柯伊伯带双星天体
1998 WW31 的轨道

柯伊伯带和外太阳系行星轨道

由超过 1 万亿颗彗星组成的奥尔特云

流星体、流星和陨石

　　我们把在外太空中漂移的小块岩石或金属碎片称为"流星体"。它们偶尔会闯入某颗行星（如地球）的大气层，与大气摩擦并在天空留下一道长长的光迹。落在行星表面上的流星又被称为"陨石"。

小行星

　　位于火星和木星轨道之间的小行星带（asteroidal belt）由数十亿颗环绕太阳运行的"碎片"组成。科学家们认为这一区域里的碎片不能相互凝聚以形成行星。由于木星强大的引力作用，它们也无法聚集成一个单一的天体。我们将这些碎片称为"小行星"。在小行星带的外缘，一些小行星沿着木星的轨道运行。根据古希腊神话，这些小行星被称作"特洛伊小行星"。

▼ 小行星

◀ 纳米比亚的霍巴陨石

令人惊奇的月球

　　月球是地球唯一的一颗天然卫星。形成月球的物质全都源自地球。月球的直径大概是地球的四分之一。如同地球一样，月球有固态的岩石表面。我们在地球上用肉眼可以看到月球表面有许多陨击坑。尽管八大行星均环绕太阳运转，但月球的公转却以地球为中心。月球绕地球公转一周大约要花上 27 个地球日。

月球运行周期

　　月球自转的周期与绕地球公转的周期大致相同。正因如此，太阳的光线在月球公转的不同时间落在月球的不同部位。所以，我们可以看到不同形状的月亮。

地球上的潮汐是月球导致的吗？

　　是的。太阳和月球的引力对地球表面的水体施加影响，或者说对它们进行"拖拽"，从而导致潮汐现象。潮汐的强度、持续时间、高度和发生时间随着月球位置的变化而变化。潮汐在满月之夜的强度最高。

月球的"暗面"！

和地球一样，月球也绕自己的旋转轴进行自转，而且月亮自转的周期与绕地球公转的周期大致相同。因此，当月球在环绕地球运行时，我们只能看见它的同一面。我们看不见的那一面称为"月球暗面"。然而，月球暗面并不像它的名字所暗示的那样只有持续不尽的黑暗。如果月球暂时停止自转，我们就将看到月球的另一面，并清楚地认识到月球像地球一样有日夜的周期。月之暗面并不总是黑暗的，只是我们看不到它处于光明中的样子。

宇航员从月球上带回了一些岩石 ▶

有趣的事实

地球曾经与大块的岩石和冰状物体撞击。一种假说称，其中一次撞击非常猛烈，以至于将地球的一部分撞得脱离了出去。这个脱离的部分形成了月球。

▼ 月球的月相和运行周期

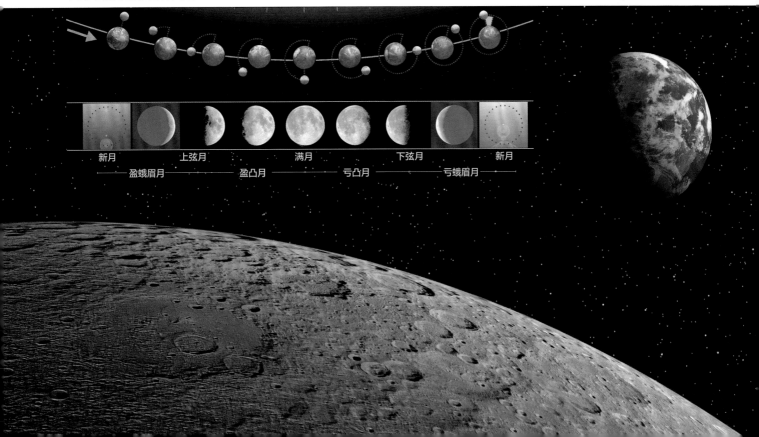

新月　上弦月　满月　下弦月　新月

盈蛾眉月　盈凸月　亏凸月　亏蛾眉月

观看日食和月食

当月球、地球和太阳位于一条直线上，其中一个天体阻挡太阳光线照射在另一个天体上时，我们就会看到"食"的现象。根据当时太阳、月球和地球之间的位置关系，我们称其为"日食"或"月食"。

为什么会发生"食"的现象？

太阳比地球大得多，而地球则比月球大得多，那么月球如何挡住照向地球的阳光呢？

别忘了与太阳相比，月球与地球的距离更近。这就是为什么当我们看天空中的太阳和月球时，它们看上去差不多大。由于月球很近而太阳很远，当月球运行到太阳和地球之间时，即使二者的体积天差地别，阳光仍会受到它的遮挡。

日食

发生日食时，月球位于太阳和地球之间并与它们对齐，因而挡住了太阳照向地球的光。

日食持续的时间取决于多个因素，比如本次日食是日全食还是日偏食，日食发生时的地月距离、日地距离等。在每个世纪，地球会经历 66~75 次日食。由于每 100 年就会发生这么多次日食，所以一年可能遇到 1 次、2 次或 3 次日食，也可能 1 次都没有。1935 年发生过 5 次日食。不过，下次发生这种罕见的情况可能要等到 2206 年。

在日食期间，我们将会看到不同形态的太阳，这取决于我们所在地区的位置。如果你站在月球的投影区之外，此时太阳的一部分被月球遮挡，你就会看到日偏食。如果你恰好处于月球的投影区里，你就会看到日全食，也就是说，太阳完全被月球遮挡。

日全食

发生日全食时，月球彻底遮挡住太阳，此时地球接收不到来自太阳的直接照射。

观看日食是安全的吗？

不安全。一定有人告诉过你不要盯着太阳看吧！因为抵达地表的太阳辐射会伤害人眼的视网膜。肉眼观看日食会导致视网膜的某些部位被灼伤，造成所谓"日食盲"的症状。我们在观看日食时应该使用遮阳镜片做成的防护眼镜。

有时，我们会看到略小一些的月亮逐渐遮盖住太阳。

▼ 2014 年 10 月在美国明尼苏达州的明尼阿波利斯拍摄到的月食。我们在日出后仍然可以看到月偏食

月食

在月食过程中，地球位于太阳和月球之间并与它们对齐，遮挡了太阳投向月球的光线。如果我们在阳光完全被地球遮挡的月食期间观看月球，会发觉它看上去比平常暗一些。

地球在月球上投下一大片阴影，当月球进入这个阴影区时，它的表面呈现出红色，这是因为阳光在穿越地球大气时发生了散射。

月全食持续的时间稍短于 1 小时。月食在一年之内一般发生 0~3 次。其中月偏食的次数多于月全食，比例大约是 7 : 6。

月食的类型

我们在地球上可以看到三种类型的月食：

- 半影月食：在半影月食的过程中，月球位于地球的半影（或称外周阴影）中。半影月食难于观测。要在天空中看到半影月食，需要精心的计划和巨大的耐心。
- 月偏食：一旦月球进入地球的本影，月偏食就出现了。有时，太阳、月球和地球并未能完美地列于一条直线。这种现象被称为"偏食"。我们在看到月全食之前，也会看到月偏食。
- 月全食：月球被与之对齐的地球的阴影完全遮挡住，我们将这种情况称为"月全食"。发生月全食时，月球可能会呈现出深红色或者变得难以分辨。如果站在月球上，你会看到地球像一个巨大的圆盘，挡住了太阳的光线。明亮的光线自地球的边缘处透出，这是此时月球唯一能够接收到的光照。

宇宙中的人造卫星

人造卫星由人类制造。和月球一样，人造卫星环绕地球运行，并因此被称为"卫星"。有些人造卫星将永久性地环绕地球运行，有些人造卫星在发射后只短暂绕行地球一段时间。无论是载人还是不载人的人造卫星，它们全都受到地球上各大太空研究机构的监控。

▲ 环绕地球运行的人造卫星

斯普特尼克 1 号

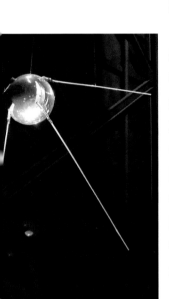

斯普特尼克 1 号（Sputnik-1）是人类发射的第一颗人造卫星。它在 1957 年 10 月 4 日被送入太空。实际上，"斯普特尼克"是苏联为其向太空发射的 10 颗卫星所取的代号。斯普特尼克 1 号绕行地球一圈要耗时 1 小时 36 分钟。为了在椭圆轨道上运行，人造卫星必须以比地球或月球更快的速度移动。斯普特尼克 1 号一直工作到 1958 年。之后，它毁于与地球大气层的摩擦。

▲ 斯普特尼克 1 号的复制品

斯普特尼克 2 号

1957 年 11 月发射的斯普特尼克 2 号是第一颗携带活体生物（一只名叫莱卡的狗）进入太空的人造卫星。这颗卫星同样绕地球运行。人造卫星的速度必须比地球快 10 倍，才能维持在轨所必需的速度。

之后的斯普特尼克系列卫星不断地将活体生物送入太空，以检测航天器中的生命支持设备、搜集数据，并开展有关外太空的磁场、温度和压力的各项研究。

▲ 斯普特尼克 2 号的模型，陈列于莫斯科综合技术博物馆（The Moscow Polytechnic Museum）

太空正在变得拥挤！

自 1957 年以来，人类已经将几千颗人造卫星送入太空。它们的大小和轨道各不相同，而且承载着不同的任务。绝大多数人造卫星的任务是搜集数据。取决于各自的任务，这些人造卫星可被分为气象卫星、导航卫星、电视卫星等等。太空拥堵是我们今天面临的一个严重问题。已经有太多绕行地球的人造卫星，因此人类未来很难再将更多卫星送入太空。人造卫星相互碰撞的风险很大。它们在发射、降落或沿轨道运行时都有可能与航天器发生碰撞。过去的碰撞事件已经产生了很多太空垃圾。

谁想到要把东西送进太空？

艾萨克·牛顿（Isaac Newton）爵士曾谈到，如果我们在山顶发射一枚炮弹，给它恰当的速度和方向，它可以绕地球运行并最终落回地面。有一些学者基于他的理论及研究，试图找到某种将事物送入太空的方法。在牛顿提出这一理论的近 300 年后，人类终于向太空发射了第一颗人造卫星。

生机勃勃的地球

　　我们生活在地球上，所以我们可以（尽管这并不总是很容易）获取许多有关地球的知识。地球完全是由星尘构成的。它在大爆炸的过程中形成，大约已有 45.5 亿年的历史。我们已经了解了地球、它的卫星以及一些太空邻居的故事。接下来，我们将要探索地球的内部与外部。你知不知道地球上栖居着多少个生物物种呢？

　　英文中"地球"（Earth）一词的原型是"Erda"或"Erdaz"，后者在盎格鲁－撒克逊语中的意思是"土地"或"土壤"。印地语称地球为"Prithvi"，西班牙语称之为"La Tierra"，而希腊语则称其为"Gaea"。地球以一个被一条水平线和一条垂直线四等分的圆为符号。符号中的垂直线代表本初子午线，它将地球分割为东西两个半球。天文学和占星学经常用到这一符号。

▲ 地球的符号

地球的形成

早期的太阳系有大量气体以及由硅和铁构成的尘埃。聚集在新形成的太阳周围的尘埃、岩石和其他碎屑，经过一个被称为"吸积"的过程形成岩质行星。

地球是由小碎片形成的

环绕太阳的大量尘埃和碎屑积聚在一起，形成体积较小的天体。这些天体在获得了引力场之后，继续吸引漂浮在该区域的其他天体，从而形成接近小行星般大小的天体。

▼ 地球吸积过程

聚集到一起

更大一些的天体彼此相撞并聚集到一起，形成了近似于月球大小的天体。这个过程需要大约 100 万年。再过 100 万年，这些天体终于进化出与今天的行星差不多的体积。岩质行星就是通过这样一种吸积过程而形成的。

接下来发生了什么？

聚集起来形成地球的碎片开始缓慢地熔化。镍和铁等较重的元素逐渐下沉，在地球的中心沉积下来，形成了地球的内核。

地球共有 3 层——地壳、地幔、地核。每一层都具有不同的性质和功能。新形成的地球，其地表必然要经受周围岩石碎屑的多次撞击。每一次撞击都产生了相当多的能量，足以缓慢熔化地表，形成我们今天所知的地球分层结构。

地球的大气层

地质学家能够利用从地球不同部位采集的岩石、化石和早期土壤研究地球的早期大气。他们建立了关于地球早期大气层的理论，包括它的成分以及如何通过吸积过程得以形成。

地球在刚刚诞生时，并没有大气层。它的表面极为炽热。地球的各个部分处于熔融状态，并逐渐形成分层以及金属内核。在地球诞生后最初的 10 亿年里，地表出现了大量的火山活动。

非常炽热的火山

地球表面的火山释放出氢、氦、甲烷和二氧化碳等炽热的气体。炽热的温度使这些气体高速运动。它们飘向空中，逐渐形成了地球的大气层。

从太空看地球

从太空中看地球，我们会看到地球的表面覆盖着水和岩石质地的陆地。陆地被分为 7 个大洲，即非洲、亚洲、北美洲、南美洲、大洋洲、欧洲和南极洲。大约 71% 的地球表面被水覆盖，因此我们又称地球为"蓝色星球"。这个巨大的水体拥有地球上大约 96.5% 的水。它被划分为 5 个大洋，即太平洋、大西洋、印度洋、南大洋和北冰洋。

从太空中看，地球▶是蓝色的，因为它表面的很大一部分被水覆盖着

地球的构造

地球的构造分为 3 层——地壳、地幔和地核。最外层被称为"地壳"。

内核
外核
地幔
地壳

第一层

地球的第一层是地壳。它呈现为坚硬的岩石质地，厚度约为 40 千米。地壳是地球三大分层中最薄的一层。地壳有许多或大或小的构造板块，它们位于地幔上方，并在持续地移动。

第二层

地球的第二层被称为"地幔"。它的厚度约为 2 900 千米。地幔是 3 个分层中最厚的一层。地幔呈半固态，温度可高达 3 500℃！

第三层

地球最内的一层叫做"地核"，它是最热、最重的一层。地核分为外核和内核。内核只有固体存在，由铁和镍组成，半径约为 1 200 千米。外核呈熔融的液态，由铁和硫组成，厚度约为 2 300 千米。

有趣的事实

地球的地幔和地核有着极高的温度。我们不能改变或调节那里的温度。此外，地幔和地核中也没有空气和水。因此，生命很难在地球的这些地方生存。

炽热的地核

　　艾萨克·牛顿爵士曾经指出，地球内核肯定是由密度比地球表面大得多的物质构成的。他之所以这样想，是因为地球不但有引力，而且它的平均密度要大于地表岩石层的密度。很久之后，英国地震学家 R.D. 奥尔德姆（R.D.Oldham）在 1906 年根据对地震波的观测提出了外核的存在。

我们如何知道地球的核分为两层？

　　地球的核一度被认为是完全由铁构成的实心球。然而，丹麦地震学家英厄·莱曼（Inge Lehmann）发现地核由外核和内核构成。她还发现地核的直径约为 7 000 千米，是月球的 2 倍！她通过对地震波的研究建立了这一理论。

　　一次在研究大型地震波时，莱曼发现某些波并未像预想中那样在与实心地核接触后发生偏移。她认为地核正如地球本身一样，也是分层的。莱曼因此提出地核包含固态内核和液态外核的理论假设，而且认为内核与外核之间存在一个不连续面，也就是后人称为"莱曼不连续面"的分界面。莱曼的这一理论在 1970 年得到证实。

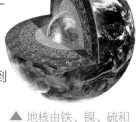

▲ 地核由铁、镍、硫和其他较轻的物质构成

地核是纯铁构成的吗？

　　不是。地核的主要成分是铁，但它也含有镍和硫。如果地核完全由铁构成，它的密度将会比现在高得多，因为铁是一种很重的物质。也就是说，地核是由铁、镍和其他一些拉低其平均密度的元素构成的混合物。

地核不在地球中心

　　让我们做一个简单的模拟试验：在装满水的瓶子里放入一个石子，瓶子系上一根绳子绕手旋转。最终，在瓶子内的石子始终偏向引力的另一侧。

　　同样道理，地球在太阳引力作用下绕太阳旋转，地核将偏向太阳引力的反方向，不在地球中心。

地核产生地球磁场

地核中炽热液态铁的运动产生了电流，这些电流产生了地球磁场。而金属在磁场中运动时会带电并产生电流，从而使这个过程循环往复下去。这便是地球动力学的理论基础。

▲ 地球磁场示意图

有趣的事实

地核中液态铁的运动过程产生了多个独立的磁场。由于方向相同，它们合并起来，共同形成了一个巨大的磁场。

小行星 5632（5632 Ingelehmann）

这颗小行星以英厄·莱曼的名字命名，以纪念她在地球结构和地质运动领域的杰出发现和成就。

地核是运动的

地球的内核一直在自转。它的运动不受地球其他运动的影响。内核自转的方向和地球自转的方向一致。内核自转的速度正变得越来越快，它现在已经比地球本身转得更快了。不过，尽管内核的自转要更快一些，但它仍然需要大约 1 000 年才能比地球多转一圈。

鉴于人类无法抵达地核一探究竟，我们又是如何了解到它自转的呢？地震学家在地震时记录了地震波穿过地球固态内核的速度，并注意到这个速度会随着与地球内核距离的远近而变化，这种速度的变化代表了地球内部的圈层结构，这是因为地震波在不同的介质中传播的速度不同。

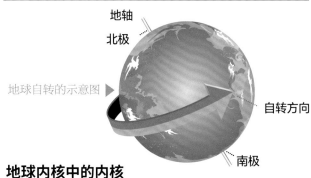

地球自转的示意图 ▶

（图中标注：地轴、北极、自转方向、南极）

地球内核中的内核

最近，地震学家发现地球内核内部还有一个内核。在过去，他们借助地震波和地震仪获取了关于地核的许多知识。不久前，一些研究人员通过研究多次地震时的地震波，发现了关于地球内核的更多信息。他们利用地震传感器研究地震后形成共振的地震波。

在研究内核时，研究人员意识到地球内核的内部还有一个更小的内核，它也被称为"内内核"（inner-inner core）。它的直径据称只有内核直径的一半。构成内内核的晶体可能与构成外核的铁晶体不同。这个新的信息可以帮助我们更好地理解地核以及地球本身的演化。

半固态的地幔

　　地球的地幔为半固态，并被岩浆所充满。位于地幔上层的物质比较坚硬，然而随着向下深入，地幔中的岩石开始变得柔软，这是因为它们在缓慢地熔化。地幔含有大量的熔融（炽热并熔化的）物质，它由铝、氧和硅酸盐岩石构成，这些岩石含有一定数量的铁、镁等矿物元素。地幔的体积约占地球体积的82.26%，质量约占地球总质量的67.0%。

> **氧元素影响了地幔中的其他物质**
>
> 由于氧元素的存在，地幔中的岩石与之反应，形成了氧化物，例如二氧化硅（大约占48%）和氧化镁（大约占38%）。

地幔的构成

　　地幔分为上地幔（始于地壳基部）、过渡层（上地幔和下地幔之间）、下地幔，以及不连续的核-幔分界面。

　　地壳与地幔之间的分界面被称为"莫霍洛维契奇不连续面"（Mohorovičić discontinuity）或"莫霍界面"（Moho boundary），以克罗地亚地震学家安德里亚·莫霍洛维契奇（Andrija Mohorovičić）的名字命名。莫霍洛维契奇在观察地震仪记录的地震波时发现了这个分界面，他注意到震波速度在这个区域加快了，这说明这个区域前后的介质构成明显不同。

　　地壳和上地幔的顶部被合称为"岩石圈"，岩石圈厚达60~120千米。岩石圈下方的地幔更多地呈现为液态或"塑性"。目前，我们对下地幔仍知之甚少。

地球的分层结构 ▶

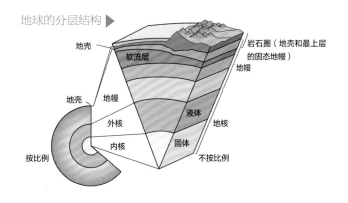

地壳
软流层
岩石圈（地壳和最上层的固态地幔）
地幔
地壳
地幔
液体
外核
地核
内核
固体
按比例
不按比例

> **上地幔由什么构成？**
>
> 上地幔由橄榄岩（橄榄石和辉石）构成。这里的地幔虽然是固态的，但这个区域的高温和高压使它能够"流动"。位于岩石圈之下的上地幔相对于下地幔更容易流动。
>
> 我们现在对岩石圈已有一定了解。岩石圈下面是软流层，根据温度的不同，软流层的厚度在地幔的不同区域也略有不同。软流层呈现为半固态。它的上层基本上呈固态，但是随着向下深入，它开始出现熔融状态，其结构也相应变得不那么确定。
>
> 橄榄岩 ▶

岩石状的地壳

　　地球的外壳像苹果皮，是地球复杂的分层结构中最薄的一层。地壳可以被划分为许多或大或小的构造板块。它有两种类型——陆壳和洋壳。

陆壳

　　陆壳由花岗岩构成。花岗岩的成分是硅、氧和其他物质。地壳的外圈主要由低密度的晶质岩构成，可能是石英或长石。陆壳的岩石颜色较浅，平均而言，它的厚度为 30~50 千米。洋壳的密度比陆壳大得多。

移动中的板块

有时，地壳的两个构造板块会发生汇聚（彼此靠近）。在这个过程中，其中一个板块可能会移动到另一个板块的下面，然后缓慢地插入地幔上层。我们称这个过程为"俯冲"。通常而言，俯冲发生在大陆板块和大洋板块之间。大洋板块向下移动并伸入地幔。

如果两个大陆板块相遇，那又会发生什么呢？它们会与俯冲过程做斗争，从而形成山脉。喜马拉雅山脉就是亚欧板块和印度洋板块碰撞产生的。

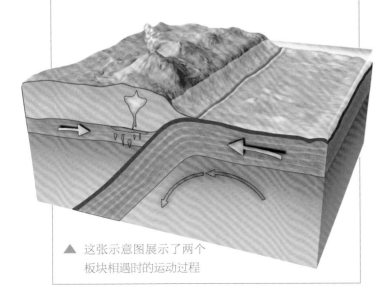

▲ 这张示意图展示了两个板块相遇时的运动过程

洋壳

　　洋壳就是大洋型地壳，它的厚度为 5~8 千米。洋壳只占地球总质量的不到百分之一。它由玄武岩、辉长岩和熔岩构成。玄武岩通常包括斜长石和辉石。洋壳比陆壳年轻得多，而且尽管它比陆壳薄，却比后者重得多。

有趣的事实

在俯冲过程中，洋壳会伸入地幔。在这里，炽热的地幔导致它熔融，而地幔中的巨大压力使得熔融物质以熔岩的形式重新上升到地壳表面。

地球的自转和公转

地球有两种连续不停的运动方式。它们被称为"自转"和"公转"。这两种运动从多个方面影响着我们人类和我们所居住的这个星球。

地球如何自转？

地球自西向东旋转，也即绕一根被称为"自转轴"的虚拟轴线逆时针旋转。自转轴是一根穿越北极点和南极点的直线。地球每 24 小时绕自转轴旋转一周。这便是地球上的一天。

地球像一个旋转的陀螺。然而，它的自转轴并不是垂直的。这根自转轴向右倾斜约 23.5°，地球以大约 465 米 / 秒的速度围绕它自转。

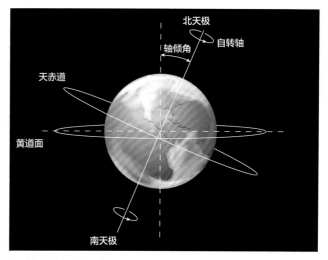

▲ 地球的倾斜角度

恒星日和太阳日

我们通常说一天有 24 个小时，但它并不是一个确切的数字。实际上，地球完成一次自转用时 23 小时 56 分钟 4 秒。这个时间是我们参照天空中有着固定位置的恒星计算得出的，因此它又叫"恒星日"。

所谓的"太阳日"则有 24 个小时，计算的是一次太阳正午（12 时）到下一次太阳正午之间的时间。你或许已经发现，太阳日和恒星日之间相差大约 4 分钟。我们日常使用的是太阳日而不是恒星日，因为对于人类来说，地球相对于太阳的位置比它相对于恒星的位置更加重要。

白天和黑夜

地球在自转时，它的一个半球面向太阳，另一个半球则背向太阳。面向太阳的部分会接收到太阳的光、热和能量。因此，这一部分经历的是白天，而背向太阳那一部分则进入黑夜。通过这种方式，地球的两个半球每天交替经历长约 12 小时的白天和黑夜。

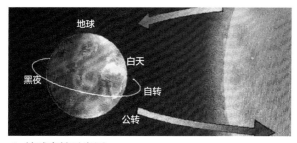

▲ 地球自转示意图

地球的公转

地球以约 108 000 千米 / 时的速度环绕太阳运行。地球每 365 天 6 小时绕太阳公转一周，我们将这一时间称为"太阳年"。在计算时，我们将一年简化为 365 天。

但剩下的 6 小时怎么办呢？为了计算方便，我们忽略了地球每次公转多出的 6 个小时，然后每隔 4 年将其累积成一个闰日。也就是说，闰日每四年出现一次。有闰日的这一年称为"闰年"。闰年一共有 366 天。

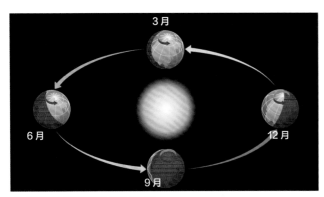

▲ 地球公转期间的相应位置

闰日

我们将太阳直射点经过春分点（这一天地球上的白昼和黑夜时长相等）到下一次经过春分点所需的时间称为"回归年"。回归年的长度是 365 天 5 小时 48 分钟。我们在生活中使用的日历规定每年的天数只能是整数，不能像太阳年或回归年计入额外的小时数。如果我们使用这种日历而不加调整，每过 100 年，我们就必须向前跳过 25 天。如此一来，每个季节的时长都会有相应的变化。因此，我们要用闰日来调整多出来的这几个小时。

有趣的事实

要想知道当下的这一年是不是闰年，只需要将这一年的数字除以 4。如果这个数字能被 4 整除，那它就是闰年。例如，2020 能够被 4 整除，所以 2020 年是闰年。

地球上的季节

我们之所以会经历四季和季风，是因为地轴的倾斜和地球环绕太阳的公转过程。地球的北极在北半球的夏季只有白天，在冬季只有夜晚。为什么？这是因为地轴并非垂直于地球公转轨道面而是有一定的倾斜角度，这就导致了北极在北半球的夏季没有黑夜，南极在北半球的冬季没有黑夜。随着地球环绕太阳公转，地球上倾向太阳的那部分接受阳光直射，而远离太阳的部分则只能接收到较少的阳光，变得非常寒冷。

例如，南半球从 12 月到次年 3 月经历夏季，这时太阳光直射南半球的南回归线，而北半球则相应地处于冬季，只接收到较少的阳光。

约 3 月 21 日
春季开始

约 6 月 21 日
夏季开始

约 12 月 22 日
冬季开始

约 9 月 23 日
秋季开始

地球上的纬线和经线

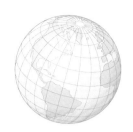

如果你仔细观察地球仪，你会发现它上面画满了圆圈。其中一些圆圈是横向的，而另一些圆圈是竖向的。它们实际上是我们用来确定地球上不同地点的位置而设定的虚拟的辅助线。

纬线和经线

在地球仪上，我们能看到这些虚拟的圆圈是相互交错的。我们称水平的圆圈为"纬线圈"，而垂直方向上的圆圈为"经线圈"。在地图上，我们用水平和垂直的直线来替代这些圆圈。水平方向的直线被称为"纬线"，而垂直方向的直线被称为"经线"。

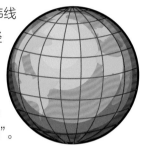

▲ 地球仪上的纬线和经线

测量纬线和经线

地球是个球体。由于我们通常将球面划分为360°，我们以同样的方式根据地球的虚拟球心来计量经线和纬线的度数。度用符号°表示，1度分为60分，分的符号是′。1分又分为60秒，秒的符号是″。也就是说，1° = 60′ =3 600″。

什么是纬线？

纬线是地球仪或地图上虚拟的水平辅助线。它们彼此间是等距的，而且相互平行。将地球分成南北两个半球的纬线叫"赤道"。赤道是最长的纬线，因为它位于地球的中央。因此，它又被称为"大圆环"。从赤道开始，我们将纬线依次平行地描绘在地球仪的南北半球上。

有趣的事实

小读者可以根据自己家所在的经度和纬度，将它的准确位置写下来。

使用纬线

赤道被标记为 0°，我们通常会测量某个地方在赤道以北或者以南多远的距离。当我们从赤道向北极靠近时，我们在每根纬线上标记一个"+"号。北极点的纬线标记为 +90° N。当我们从赤道向南极靠近时，我们在每根纬线上标记一个"−"号。南极点的纬线标记为 −90° S。纬线的最大量程是 90°。随着纬线与赤道的距离越来越远，它的长度也会随之缩短。最短的纬线位于南北两极。

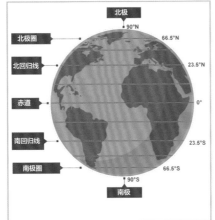

一些重要的纬线

在地球仪或地图上，有 4 条划分气候带的重要纬线。它们分别是北回归线（+23.5° N）、南回归线（−23.5° S）、北极圈（+66.5° N）和南极圈（−66.5° S）

什么是气候带？

地球上的各个地区有不同类型的气候。主要的气候类型有热带气候、温带气候和寒带气候。根据各地的气候类型，地球被划分出不同的气候带。赤道以及另外 4 条重要的纬线被用来标记这些气候带所处的范围。

热带

热带位于北回归线和南回归线之间。每年太阳的直射点都在热带内部移动，因此该区域的气候非常炎热。

▲ 美丽的热带雨林是热带地区的重要景观

温带

北半球的温带位于北回归线和北极圈之间，而南半球的温带位于南回归线和南极圈之间。

▲ 温带地区全年拥有温和宜人的气候

寒带

北极地区位于北极圈内，南极地区位于南极圈内，二者合称"寒带"。

▲ 雪景是寒带地区的重要景观

经线

经线是连接地球南极和北极的虚拟辅助线。本初子午线（又称"零子午线"）是最重要的一条经线。本初子午线将地球分为西半球和东半球，它被标记为 0°。经线的最大量程是 180°。

我们使用经线测量某个地方在本初子午线以西或以东多远的距离。与纬线不同，所有经线的长度都相等。经线在与赤道相交的地方形成直角。经线之间不是等距的，两根经线在赤道的间距最大，越靠近两极，它们之间的间距越小。

本初子午线

▼ 格林尼治皇家天文台

本初子午线经过英国的格林尼治皇家天文台。因此，本初子午线又被称为"格林尼治子午线"。这座皇家天文台负责确定协调世界时（Coordinated Universal Time，UTC）。

不同的时区

"英国现在是什么时间？"你是否听别人提出过这个问题？世界各地的时间是不一致的。由于地球的自转，世界的不同区域在同一时间接收到的日照程度不同。如果全世界都使用一致的时间，那么上午 5:00 对于有些地区来说是早晨，但对另一些地区可能却是夜晚。

时区

19 世纪，一些科学家观测到地球的自转和公转，据此提出在地球上划分 24 个时区的方案。地球在由西向东自转时，每过一个小时，就会向东转 15°。因此，时区之间的间距是 15°。地球每自转一圈，也就是每隔 24 小时，它就转过了 360°。本初子午线的时间被当作国际标准时间或基准时间。这个时间又被称为"协调世界时"。

▼ 这张地图展示了世界的不同时区（自西向东）

我们如何确定一个地方的时间？

我们在向东移动时，每走过 15°，就基于当前时间增加一个小时。本初子午线以东的所有时区都与相邻时区有一个小时的时差。我们在向西移动时，每走过 15°，就基于当前时间减去一个小时。本初子午线以西的所有时区也都与相邻时区有一个小时的时差。

国际日期变更线

国际日期变更线（International Date Line，IDL）是一条始于北极终止于南极的虚拟线。虽然我们说它是"一条"线，但它实际上是一系列水平线、垂直线和对角线的组合，显示着不同地区的日期差异。它是供往来于东西半球的旅行者使用的。东半球的日期比西半球提前一天。从西半球前往东半球跨越国际日期变更线的旅行者应该将日历向前调一天，同样从东半球前往西半球跨越这条线的人应该将日历向后调一天。

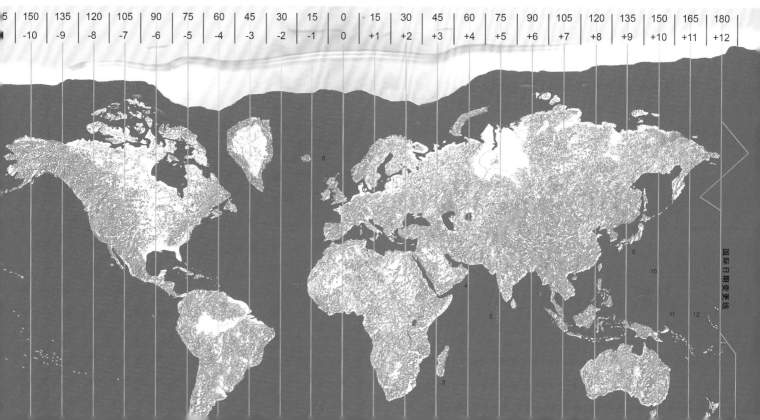

5	150	135	120	105	90	75	60	45	30	15	0	15	30	45	60	75	90	105	120	135	150	165	180
-10	-9	-8	-7	-6	-5	-4	-3	-2	-1	0	+1	+2	+3	+4	+5	+6	+7	+8	+9	+10	+11	+12	

功能强大的地图

　　你用过地图吗？地图是一种将地球上的各个地点绘制在平面上的图像。我们不妨将地图当作一张揭示了大量地理信息的图像。地图非常详细，可以向我们提供有关某个地区的许多信息。简单看一下世界地图，你就能对以下这些问题有个简单的了解，例如"哪个大陆是面积最大的""印度洋在哪里""非洲有多少个国家"等等。不仅仅是这种较大尺度的区域（例如整个地球），大陆和国家也有相应的地图，你所在的城市、社区，甚至你的住宅，也都可以被绘制为地图。

　　英文中"地图"（map）一词源自拉丁语的"mappa"，这个词曾被中世纪的英格兰使用，意思是"展板"或"餐巾"。世界地图被称为"mappa mundi"，直译过来就是"世界展板"。我们今天使用的"map"一词出现在16世纪初。由多张地图组成的图书又称"地图集"（atlas）。

地图的过去与现在

地图"呈现"某个地方的地理信息。它细致描绘了地球的某些地区并介绍它们的空间特征和特点。专门研究地图绘制的学科被称为"制图学"（cartography）。制图师利用点、各种类型的线、不同颜色和大小不一的图形来展示某个地区相关的信息，它们被称为"图例"。你并不一定非得了解一张地图上的所有信息，但你需要知道这些图例才能看懂地图。

最早的地图

最古老的（目前已知的）地图源自古巴比伦文明，可追溯至公元前 2500 年。当时没有纸，因此它们被画在泥板上。这幅古巴比伦文明初期的世界地图将古巴比伦放在地图正中央，这在比例上是不准确的。

这些最古老的地图准确吗？

不准确。这些早期地图更多地被视为伟大的艺术作品，而非正确的地理信息来源。由于每张地图都是手工制作的，而且非常昂贵，所以拥有一张地图成为社会地位极高的象征。当时，大多数地图都只呈现很小的一块区域，例如王城、战场、贸易路线或狩猎场。它们并不是针对该区域的精准描述或细致呈现。在制作地图之前也没有预先制定好详细的制图规则。

托勒密的地图

在古希腊和古罗马学者的努力之下，制作地图的技艺随着时间的推移有了更多改进。出版于公元 150 年的地理学专著，托勒密所著的《地理学》（Geographia）收录了数十幅世界各地的地图。与当时通行的做法一样，它们都非常有艺术性。托勒密在制作这些地图时运用了两种特殊的技巧——数学计算以及纬线和经线。它们从此改变了人们制作地图的方式。

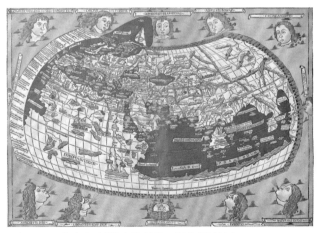

▲ 1482 年根据托勒密的著作而绘制的地图

有趣的事实

托勒密绘制了一幅呈现"旧世界"的世界地图。它所覆盖的范围介于北纬 60° 至南纬 60° 之间。

中世纪的地图

　　在中世纪的英格兰，地图仍然被视为艺术品。宗教教义在极大程度上影响了地图的制作方式和内容。地图基本上由修道院制作，因此，这些地图将耶路撒冷（基督教圣地）摆放在中央，而将亚洲画在它的北方。制作者还会在地图的不同位置画上天使和魔鬼。

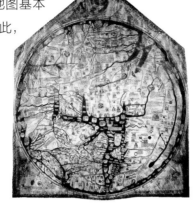

▲ 被称为"赫里福德世界地图"（Hereford Mappa Mundi）的布面世界地图，目前被保存在英格兰的赫里福德座堂

有趣的事实
平版印刷术是用印刷机制作地图的一种工艺，印刷过程花费的时间、精力和金钱也更少。

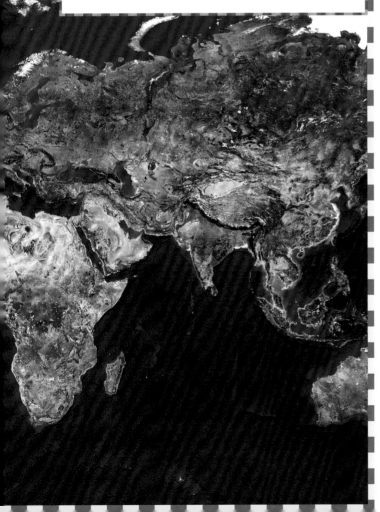

文艺复兴时期

　　在文艺复兴时期，西方文化发生了巨大变化，绘制地图的技艺也在这时出现了彻底的改变。1440年，约翰内斯·古登堡（Johannes Gutenburg）向世界介绍了他发明的第一台印刷机。

▲ 古登堡印刷机的复制品

　　借助印刷机，人们可以制作出同一幅地图的大量复制品，这降低了地图的造价。此外，人们开始用更廉价、更经济的材料制作地图。很快，就连普通人也买得起地图了。

　　随着越来越多人开始购买地图（以及其他类型的图书）并学习相应的技艺，地图制作又出现了新的进步。同时，人们开始关注地理学的其他领域，例如海上航行、自然气象和探险等。

　　以往的地图只采用单色（通常是深色）或者以黑白二色呈现，其他的颜色是用手工填加的，目的是加入更多细节。这些地图在边缘绘有装饰性的边框，这是一种从过去传承下来的特色。它们仍然不够准确，因为有些地区还没有被人类发现，而人们对于那些已被发现的地方也不十分熟悉。大多数地图都标注了国界、水体和山脉。在这一时期，人们开始制作各种专题地图，例如标出曾被重大疾病袭击的地区的地图。

今天的地图

　　我们现在使用的地图非常准确和详细。借助卫星系统、导航技术、计算机软件以及廉价快速的交通工具，制图师可以制作出含有大量地理信息的不同地区的地图。

地图的各种用途

　　如果制图师将某个地区所有能找到的信息全都呈现在一张地图上，那会怎么样呢？你能够轻松看懂这样的地图吗？制图师必须审慎选择他们想要在一张地图上呈现出的信息种类。正是考虑到这一原因，根据地图上标注的信息，我们可以将地图分为不同的类型。

普通地图

　　顾名思义，普通地图体现的是一个地区的总体信息。例如，某省的普通地图会标示出它的边界、省会所在地、其他市县、山脉湖泊、相邻省份等等。这类地图看上去很简单，也易于理解。人类历史上的早期地图可以被归类为普通地图。

地形图

　　地形图与普通地图的相似之处在于，它们都呈现了某地的自然特征、地形等总体信息，而地形图会更加细致地呈现有关地形的信息。地形图利用等高线来标记海拔高度。

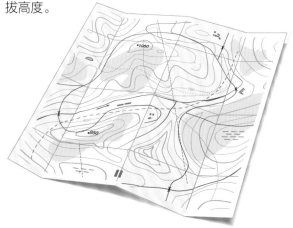

▲ 用棕色等高线标示海拔高度的地形图

如何使用地形图

　　地形图主要由政府内部指定的机构以国防或方志记载为目的而进行编撰。它们的制作要遵循一套既定的标准或技术参数。地形图上绘有网格线，用以标记任何地点的坐标。一张地形图通常是采用相同比例尺的一系列地图的一部分。

等高线与等深线

　　"等高线"是将海平面以上海拔相等的点彼此相连形成的轮廓线。海平面以下海拔相等的点彼此相连形成的轮廓线被称为"等深线"。通过这些轮廓线，我们就能看出当地的地形和陡峭程度。如果两条等高线距离很近，这就意味着这里的地形十分陡峭。如果它们相距很远，那就说明地形相对平缓。山脉处的等高线相对密集，而平原上的等高线则比较稀疏。

专题地图

专题地图是基于某个主题制作的，例如某个国家不同地区的作物、植被类型、降水量等等。制作专题地图要借助地理信息系统（Geographic Information System，GIS），这个系统可以记录、保存和展示地图上的各类地理信息。

GIS系统收集有关某地的人口、收入、植被、野生动物、气候和自然特征等信息，并确保能有效地将这些信息相应呈现在该地区的地图上。如今，专题地图正逐渐替代普通地图。

▲ 澳大利亚政治地图

气候地图

气候地图可以呈现一个地区的气候。它会标记出某个地区的不同气候带以及相应的降水量或降雪量。

▲ 世界气候地图

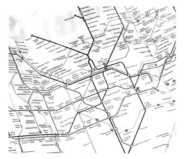

▲ 伦敦交通地图

有趣的事实

企业家可以利用GIS技术采集某个地区的人口数据。有了这些数据，他们就能判断是否应当在此区域开设店铺。

政治地图

政治地图会标注出某个国家及其邻国的国界和首都。政治地图通常是彩色的，并且相对简明。它不呈现任何自然或地貌特征。大多数政治地图还显示了与该国接壤的水域。

自然地图

自然地图呈现的是一个地区的自然特征，也就是山脉、丘陵、平原、河流、海洋和湖泊。自然地图通常会标注出山脉和丘陵的海拔高度、山脉所在区域及最高峰。

▲ 意大利自然地图

交通地图

交通地图呈现的是一个地区可用的各种交通方式，例如公路、铁路、空运和水运航道。它还展示了每种交通方式的路线。交通地图对游客和旅行者有很大帮助。几乎所有交通地图都遵循同一套标准来标记各个类型的交通路线。

地图的基本要素

制图师采用的是全世界人民都了解并接受的一套标准。借助这些约定俗成的标准，无论手中的地图所绘制的区域在哪儿，我们都能够读懂它。

比例尺

地图不是对某个地区的再现。它的大小显然与现实中的地区有所不同。我们可以据此了解哪些特征对于一个地区来说是重要且有必要呈现的，而哪些特征则是可以忽略的。

地图是按照一定的比例绘制的。制图师必须提前设定一张地图要采用的比例尺。所谓"比例尺"指的是地图上的距离与对应的实际距离的比值。例如，在比例尺为 1：50 000 的地图上，地图上的 1 毫米相当于地面上的   50 000 毫米，即 50 米。

小比例尺地图和大比例尺地图

比例尺的分母越大，地图上的细节就越少。小比例尺地图可以覆盖更大的面积。地球某个大洲的地图一定是小比例尺地图。大比例尺地图只能覆盖较小的面积。社区地图通常是大比例尺地图。

怎样使用比例尺？

- 数字比值，即数字比例尺——例如 1：10 000。看到这种比例尺，我们就知道地图上的一个单位等于现实中的 10 000 个单位。
- 文字描述——"1 厘米代表 1 千米"。
- 图示比例尺——用画在地图边上的条状比例尺显示，上面标有其单位距离所代表的现实距离。

通用符号

制图师用一些符号在地图上标示地理特征，例如，空心圆圈 ○ 代表城市，而中心为黑色圆点的圆环 ⊙ 代表省会城市。他们还会用不同的线型来代表各种交通路线，如 ══ 用于公路，━■━ 用于铁路。在描绘地貌时，〜〜 用于描绘河流，▲ 用于展示山峰。

方向

东、西、南、北是地图上的四个主要方向，又被称为"基本方向"（Cardinal Direction）。我们通常用指南针来表示地图上的方向。四个基本方向可进一步细分出东北、西北、东南和西南等方向。地图的方向只能通过图中的指北针来确定。指北针是一个带有符号"N"的箭头，指向地图上的北方。

有趣的事实

据说，古希腊学者阿那克西曼德绘制了第一张世界地图。这一点尚未得到确认，因为没有人能找到这么久远的地图。

惯用标识和符号

制图师用特定的标识和符号来代表地图上的各类信息。如果制图师用单词或句子作为标识，空间很快就会被占满。因此，用全球通用的标识和符号在地图上进行标注是一种惯例。所有地图都有解释所用标识和符号的图例或检索表。地图是对真实世界的简化，而地图标识则被用来代表真实的物体。地图中的一些惯用标识和符号包括：

PO	邮局	PS	警察局
✚	医院	P	公园
🏃	学校	🍴	餐厅
🚌	公交车站	✈	机场

配色

美学在地图设计中发挥着重要作用。色彩对于人类的生活有着强烈的意义和重要性。使用颜色有助于建立有效的交流。

制图师用不同的配色在地图上表示不同的地理特征。配色的意义必须在地图的图例框中加以解释。

颜色	代表的地理特征
	深水
	山脉和丘陵
	平原和低地
	浅水
	高原和沙漠

地图和地球仪

　　地球是个球形，而地图是地球的平面呈现，也即二维呈现。地球仪则是地球的立体呈现，用三维方式再现了地球的形状，所以单就形式而言，地球仪是一种更为精确的呈现方式。英文中的"地球仪"（globe）源自拉丁语单词"globus"，意思是"圆形物体"或"球形物体"。地球仪的另一个英文名称是"terrestrial globe"。

地图与地球仪

　　由于地球仪是个球形，它可以更准确地呈现地球的运动，例如地球绕地轴的自转和环绕太阳的公转。地球仪也有助于理解地图上两点之间的距离。在地图上，两点之间的距离看上去往往比实际上更近或更远。

　　我们知道经线不是平行的。它们在极地附近的间距较短，而在赤道附近的间距则较长。这个特点在地球仪上一目了然。然而，在地图上，经线看上去却是平行的。

　　在地图上，我们可以同时看到所有的大陆、国家和海洋。但是在地球仪上，我们必须旋转它才能看到位于不同半球的国家。地图轻便易携，我们可以将它折叠起来放进口袋。地球仪的便携性不如地图。

第一个地球仪

　　已知最古老的地球仪可追溯至公元前 2 世纪中期，制作者是马鲁斯的克拉特斯（Crates of Mallus）。他是古希腊的一位地理学者及哲学家。然而，这个地球仪如今已消失在历史的长河中了。存留至今的最早的地球仪由德国地理学家马丁·贝海姆（Martin Behaim）于 1492 年制作。鉴于克里斯托弗·哥伦布（Christopher Columbus）当时尚未发现美洲，因此这个地球仪没有体现北美洲、南美洲、大洋洲和南极洲。

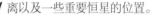

天球仪

地球上方的夜空被称为"天球"。它也可以被呈现在一个球体上，我们称之为"天球仪"。我们在世界各地看到的行星和恒星都可以在 天球仪上得到体现。天球仪有助于我们认识各个星座之间的距离以及一些重要恒星的位置。

绘制地图的技艺

　　绘制地图是一项历史悠久的实践。当探险者前往世界各地旅行时，他们会将自己走的路线记录下来，并绘制这个地方的地图。绘制地图的人被称为"制图师"，而制作地图的技艺则被称为"制图学"。

制图学

　　制图学既是艺术，又是科学，它是一种呈现某个地理区域的方法。制图师必须掌握研究、加工、搜集材料和评估等技能，还需要特别关注细节。

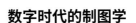

共同合作

制图师有时只专注于地图制作众多任务中的一项。在制作印度的政治地图或美国气候地图等高难度地图时，通常需要一个制图团队合作完成。在这个团队中，有些人可能只负责研究，有些人可能只关注科学调研，而另外一些人则着重挑选适用于地图的艺术风格。通过这种方式，我们可以制作出功能齐备的地图。

制图学的作用

　　制图学和地图本身一样重要。许多职业都需要使用地图。学生要借助地图理解地理学的概念，而每一种与土地有关的职业也都需要使用地图。气候学家要用地图研究某个地区的地理环境，城市规划师要用地图了解规划区域的范围、地貌、自然特征和气候条件。

数字时代的制图学

　　如今的地图制作过程已经完全不同于以前了。技术在这个过程中发挥了巨大的作用。很少有制图师还在使用墨水、钢笔这些陈旧的工具。他们现在有专门用来制作地图的计算机软件。制图师利用远程遥感技术、地理信息系统和全球定位系统来制作地图。他们通过这些现代手段搜集数据，接收卫星信息，并充分利用卫星拍摄的高精度照片。

智能手机上装载着便于导航的电子地图 ▶

有趣的大陆

　　地球表面被大片的陆地和海洋所覆盖。我们对陆地和海洋的划分并没有一种固定的模式。总的来说，我们将大片的、连续的陆地称为"洲"。地球上的陆地被分为七个大洲，分别是亚洲、非洲、北美洲、南美洲、南极洲、欧洲和大洋洲（面积从大至小）。

　　1915 年，德国地理学家阿尔弗雷德·魏格纳（Alfred Wegener）出版了《海陆的起源》（ *The Origin of Continents and Oceans* ），他在书中提出了大陆起源理论。魏格纳认为在 3 亿年前，地球上只有一块被称为"泛大陆"（Pangaea）的超级大陆，它被一片名为"泛大洋"（Panthalassa）的连续不断的巨大海洋所围绕。经过数以百万年计的漫长岁月，超级大陆逐渐解体并漂移开来，形成了今天的七个大洲。这个过程又被称为"大陆漂移"。

大陆漂移理论

　　大陆漂移的概念是阿尔弗雷德·魏格纳在 20 世纪初最先提出的。他用这个理论解释七大洲的形成。从各大洲采集的化石也表现出了一定的相似性。时至今日，我们仍然可以看到来自两个大洲的动物、植物和岩层之间存在着某种程度的相似性。这引起了人们的好奇心，这种好奇心便是大陆漂移理论得以风行的根源。

什么是大陆漂移？

　　大陆漂移理论是解释超级大陆为什么会分裂和移动的早期理论之一。根据这个理论，在过去的某个时点，超级大陆中的各个大陆块发生了"漂移"并彼此散开，这是因为地球上地幔的水平运动带动了大陆的板块移动。其中一些大陆块还发生了相互碰撞。

泛大陆自何时开始分裂？

　　魏格纳认为，泛大陆大约在 2 亿年前开始解体。裂开的大陆缓慢地散开，移动到它们现在的位置。北美洲和南美洲向西移动，南极洲向南极移动。印度次大陆向东漂移，与亚欧大陆撞击并融合在一起。1937 年，南非地质学家亚历山大·杜托伊特（Alexander Du Toit）进一步发展了魏格纳的理论，提出泛大陆首先分裂成出北半球的劳亚古大陆（Laurasia）和南半球的冈瓦纳古大陆（Gondwana）。

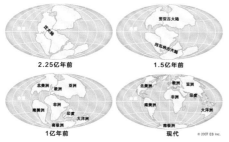

2.25亿年前　　1.5亿年前

1亿年前　　现代

© 2007 ES Inc.

支撑理论

▲ 大陆漂移理论的四个主要阶段

　　大陆漂移理论被看作是阿尔弗雷德·魏格纳的成就。然而，之前就有一些地理学家曾经做出过与该理论相类似的观察。在 19 世纪，亚历山大·冯·洪堡曾指出南美洲和非洲在过去肯定是连在一起的。因为非洲大陆的边界有一处曲线状的凸起，刚好可以与南美大陆的东部边界相接合，这使得它们看起来像是一套拼图的两块拼板。

▼ 阿尔弗雷德·魏格纳

　　19 世纪 50 年代，法国科学家安东尼奥·斯奈德 - 佩莱格里尼（Antonio Snider-Pellegrini）宣布支持南美洲和非洲曾经相连的观点。他认为它们的分离促生了大西洋的形成。他还注意到在澳大利亚部分地区出土的植物化石与南美洲的植物化石非常相似。这些化石是在煤炭沉积层中被找到的，因此两个大陆曾经相连的可能性非常之高，否则化石不会表现出如此显著的相似性。

亚欧大陆

北美洲

非洲

特提斯洋

南美洲

印度次大陆

澳大利亚

南极洲

泛大陆 ▶

劳亚古大陆和冈瓦纳古大陆

亚历山大·杜托伊特在《我们的漂移大陆》（*Our Wandering Continents*）中首次提出劳亚古大陆和冈瓦纳古大陆的概念。根据他的理论，劳亚古大陆进一步分裂出北美大陆、亚欧大陆（不包括印度次大陆）。南半球的冈瓦纳古大陆则进一步分裂出南美洲大陆、非洲大陆、南极洲大陆和大洋洲大陆，以及阿拉伯半岛、印度古陆和马达加斯加等较小的大陆块，后者之后还会被连入其他大陆。劳亚古大陆和冈瓦纳古大陆被名为"特提斯"（Tethys）的大洋隔开。

有趣的事实

根据研究，科学家们认为比泛大陆早数十亿年存在的另外两个超级大陆潘诺西亚大陆（Pannotia）和罗迪尼亚大陆（Rodinia）也经历过与泛大陆相类似的解体。

劳亚古大陆和
冈瓦纳古大陆 ▶

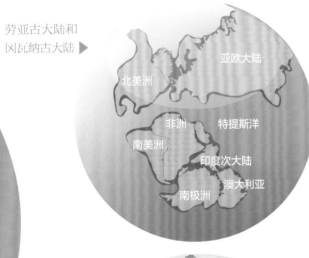

现代世界 ▶

喜马拉雅山脉

根据亚历山大·杜托伊特的理论，冈瓦纳古大陆最终漂向劳亚古大陆中现在欧洲和北美大陆所在的位置，这片大陆被称为"欧美大陆"（Euramerica）。印度次大陆与包含如今亚欧大陆的部分相撞，喜马拉雅山脉就是在这次撞击中形成的。

什么导致了大陆漂移？

魏格纳认为潮汐作用是大陆板块从泛大陆上脱离的原因。他还认为某些大陆板块不得不从洋壳中穿过。根据这一观点，魏格纳计算出欧洲和北美洲正在以 250 厘米 / 年的速度缓慢漂移开来。他的这些判断并不为人们接受，与之同时代的学者纷纷提出批评。这些学者认为根本不存在足以撕裂古大陆的潮汐作用，如果这种力真的存在，它将会极大地影响地球的自转，并有可能令地球的自转在一年之内终止。

此外，潮汐力的作用使得陆壳和洋壳之间的冲撞会导致任何一方都不可能完好无损，而且各个大洲看起来将与今天的样貌大不相同。由于这些原因，大陆漂移理论遭到驳斥并被更晚一些的板块构造理论所替代。

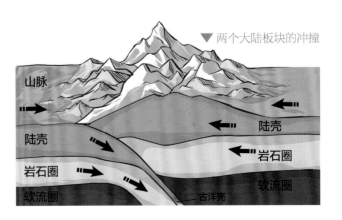

▼ 两个大陆板块的冲撞

板块构造理论

　　板块构造理论被视为地理学最重要的理论之一。该理论完善了阿尔弗雷德·魏格纳的大陆漂移理论。其中"构造"一词的英文"tectonics"源自希腊语的"tektonikos"，意思为"由构造引起的"。 板块构造理论是由来自加拿大、英国和美国的几位地球物理学家建立和逐步完善的。

它的内容是什么？

　　板块构造理论认为，地球岩石圈是由平均厚度约为100千米的巨大板块构成的，全球岩石圈可分成六大板块，即太平洋板块、印度洋板块、亚欧板块、非洲板块、美洲板块和南极洲板块，其中只有太平洋板块几乎完全是海洋，其余均包括大陆和海洋。通常情况下，板块间的分界线是海岭、海沟、大的褶皱山脉和裂谷。构造板块在软流层中移动，其运动方式类似于冰山在水中的运动。

构造板块为什么会移动？

　　支持板块构造理论的学说认为，软流层的对流作用驱动着岩石圈的运动。有些地方对流的结果是使岩石圈分离开来，有的地方对流的结果使岩石圈相对而行，还有的地方对流的结果使岩石圈发生平行滑动。这种对流作用是由于地核中炽烈的热量进入软流层令岩浆向上涌动形成的。

> **相关术语**
>
> 全球岩石圈板块划分中，属于大洋的板块部分称之为"大洋板块"，属于陆地的构造板块被称为"大陆板块"。

汇聚

　　当两个大洋板块发生碰撞时，其中一个板块会移动到另一个板块的下方。当一个大洋板块与一个大陆板块发生碰撞时，由于大洋板块密度更高，它会移动到大陆板块下方。然而，如果发生碰撞的是两个大陆板块，二者不会形成俯冲板块。相反，它们会相互挤压，形成山脉。

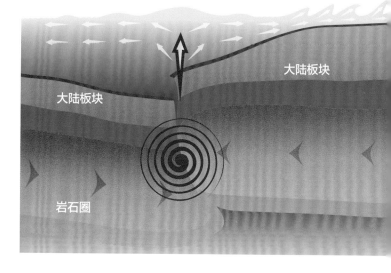

大陆板块

大陆板块

岩石圈

碰撞

　　构造板块的运动常常导致碰撞。这些碰撞发生的过程非常缓慢，通常发生在两个构造板块相遇或汇聚时。根据相遇板块的类型，当两个板块碰撞时，其中一个板块有可能会通过俯冲过程被压到另一个板块下面。这将导致新的物质在该构造板块中形成。俯冲板块被迫进入更深处，有可能会被推到300~700千米深的地方。在这个深度，俯冲板块进入地幔，某些部分开始熔融。

离散

两个板块在彼此分离或"离散"时，将会形成一个被称为"海底扩张"的过程。当两个构造板块发生分离时，地幔中的岩浆和玄武岩会上升，海水将炽热的岩浆冷却，这会形成新的洋壳。海底扩张通常发生在大洋底部升起山脉的地方。新生成的洋壳将旧物质推向更深处，而且正如两个板块汇聚时一样，沉下去的物质将被熔融在熔岩之中。

在非洲板块和阿拉伯半岛离散时，红海洋底和西奈半岛在海底扩张的过程中被创造出来。

▲ 红海和西奈半岛

洋中脊

洋中脊是巨大的山脉体系，约有 90% 潜藏于大洋深处。当两个大洋板块离散时，新的大洋板块会被创造出来，并沿着它的边界形成洋中脊。洋中脊因此又被称为"离散板块边界"或"中央海岭"。构造板块的离散过程极其缓慢，它们每年只移动 1~20 厘米。洋中脊延绵的总长度约 80 000 千米。

我们能在陆地上看到洋中脊吗？

能，但我们只能看到冠。洋中脊的顶端称为"冠"。洋中脊通常位于海平面以下 2 500 米的深度。然而，某些洋中脊的冠高于海平面，可以被我们看到。冰岛的雷克雅内斯海岭就是这样一个例子。

▲ 冰岛的雷克雅内斯海岭

有趣的事实

在向大陆靠近并远离洋中脊时，我们下方的大洋其实变得更深了，这与人们的第一反应恰好是相反的。

不断循环的海底

海底扩张过程是持续的，而且这个过程的每个环节对于接下来的环节都有着重要的影响。随着岩浆上涌并形成新的海底，使得板块以洋中脊为分界线缓慢地离散开来，上涌的岩浆还会导致在洋中脊中形成火成岩。

洋中脊的两端板块分开的过程为新的海底和火成岩的形成创造了空间。正如新的陆壳一样，新的海底也在持续不断地形成，从而确保地球保持原来的形状和大小。只有某个区域的洋中脊发生俯冲时，这个过程才会停止。

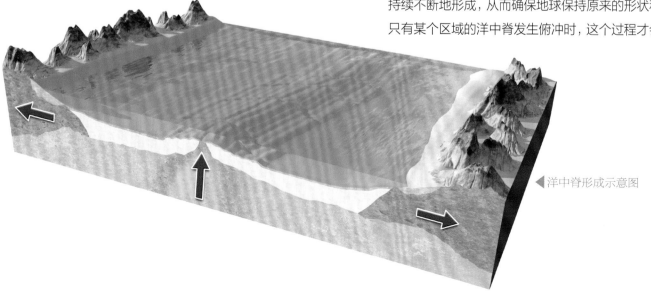

◀洋中脊形成示意图

亚洲和非洲

　　地球的七个大洲之间存在巨大的差异，这表现在面积、构成、自然特征和气候特征等方方面面。七大洲的边界是按各个大陆的自然形状由大洋和山脉自然分隔而成的。除了南极洲之外，其他所有大洲都是北端较宽，向南逐渐收窄。所以，我们又称其为"楔形大陆"。

亚洲

面积： 44 579 000 平方千米（面积最大的大洲）

地理位置： 亚洲大陆东至白令海峡的杰日尼奥夫角，南至丹绒比亚，西至巴巴角，北至莫洛托夫角。北美洲位于亚洲的东北方向，欧洲在它的西边，而大洋洲则位于它的东南方向。亚洲的北方是北冰洋，东方是太平洋，南方则有印度洋。地中海和黑海位于它的西南方向。

人口： 约 47 亿（截至 2019 年）

国家和地区数量： 47

最大的国家： 中国

最小的国家： 马尔代夫

　　由于面积庞大，亚洲从南到北有着变化多样的气候、自然特征、野生动物和植被。

　　生活在亚洲的居民同样有着大不相同的外貌、文化和生活方式。全世界人口最多的两个国家——中国和印度都位于亚洲。俄罗斯和土耳其有很大一部分国土位于亚洲大陆，但也有部分国土位于欧洲。

非洲

面积： 30 221 532 平方千米（面积第二大的大洲）

地理位置： 非洲大陆东至哈丰角，南至厄加勒斯角，西至佛得角，北至吉兰角（本赛卡角）。赤道将非洲分割成大小不等的两半。非洲的大部分地区位于热带。非洲的西方是大西洋，北方是地中海，东方是红海和印度洋。大西洋和印度洋的海水在非洲以南相互连通。

人口： 约 13 亿（截至 2019 年）

国家和地区数量： 54

最大的国家： 阿尔及利亚

最小的国家： 塞舌尔

　　非洲占地球陆地总面积的五分之一。尽管富含各种资源，但它却是一个有待发展的大陆。非洲只有南部和北部的一些国家能够实现经济增长，而且非洲人口大部分从事农业。

"黑暗大陆"

过去，非洲被称为"黑暗大陆"，因为人们对它所知甚少。如今，我们对在非洲发生的事情有了非常全面的了解。

有趣的事实

古希腊人认为既然地球是圆的，那么在这个球体的南半球一定有一片大陆与北半球的陆地对应。他们将这个理论上的大陆命名为"Antarctica"（如今被用来命名南极洲），意思是"与北极相对的"。

北美洲和南美洲

　　北美洲和南美洲合称"美洲"。它们整体位于西半球。美洲的英文名称"America"源于一位名叫阿梅里戈·韦斯普奇（Amerigo Vespucci）的意大利探险家。他指挥了多次前往南美洲的航行，并在写给意大利朋友的信件中描述了它的一些情况。

北美洲

面积：24 709 000 平方千米（面积第三大的大洲）

地理位置：北美洲从北极圈开始向南延伸，一直到北回归线以南，东至圣查尔斯角，南至马里亚托角，西至威尔士王子角，北至布西亚半岛的穆奇森角。北美洲的北方是北冰洋，东方有大西洋，南方是加勒比海，西岸毗邻北太平洋。北美洲的陆地只与南美洲相连（以巴拿马地峡为界）。它被周围的海洋隔开，是一片相对孤立的大陆。

人口：约 5.9 亿（截至 2019 年）

国家和地区数量：23

最大的国家：加拿大

最小的国家：圣基茨和尼维斯（位于加勒比海的一个只有两座岛屿的国家）

　　北美的大部分人口是来自欧洲和非洲的移民。而远在欧洲人和非洲人到来之前，进入北美的最早一批人类，又称"原住民"，成立了许多部落，他们又被称为"美洲土著"或"美洲印第安人"。

　　从经济角度来说，北美洲是一个具有多样资源的发达大陆。北美洲拥有先进的工业，全世界石油和煤炭产量的很大一部分出自这里，发电量也很高。

◀ 美洲原住民

南美洲

面积：17 840 000 平方千米（面积第四大的大洲）

地理位置：南美洲东至布朗库角，南至弗罗厄德角，西至帕里尼亚斯角，北至加伊纳斯角。南美洲的北方是加勒比海，东方是大西洋，西岸毗邻太平洋。德雷克海峡自南美洲最南端的合恩角将南美洲与南极洲分开。南美洲占地球陆地总面积的八分之一。

人口：约 4.3 亿（截至 2019 年）

国家和地区数量：12（法属圭亚那和福克兰群岛分别是法国和英国的领地）

最大的国家：巴西

最小的国家：苏里南

　　南美洲拥有非常多样化的人口，他们主要来自非洲和其他拉丁语国家。南美洲现在的居民是 4 代移民（最初生活在其他国家但后来在南美洲定居的人）通婚和混合的结果。南美洲大部分地区在经济上不发达。乡村地区主要从事农业，只有一些城市发展工业。

◀ 北美洲和南美洲的地图

南极洲、欧洲和大洋洲

冰天雪地的南极洲是最寒冷、最干燥和最多风的大陆。欧洲和亚洲有一条陆上边界，并且同时被两个大洋和三个内陆海环绕。大洋洲常常被称为"南边的土地"，它为太平洋和印度洋所环绕。

南极洲

面积： 14 245 000 平方千米（面积第五大的大洲）

地理位置： 南极洲位于地球的最南端。除了向南美洲南端伸出的南极半岛，它几乎是圆形的。

谁生活在南极洲？

南极洲"常住人口"的数量是零，也就是说到目前为止，还没有人在南极洲长久定居。然而每年有大约4 000 名科学家造访南极，在那里开展研究和搜集信息，还有少数人出于旅游的目的前往南极洲。

南极洲终年积雪，因此它又被称为"白色大陆"。在最热的时候，南极洲的气温是 -35~-15℃，而在最寒冷的日子，那里的气温会下降到 -70~-40℃（滴水就可成冰！），所以人类在这里生活是不安全的。由于当地的酷寒，南极洲又被称为"冰封大陆"。南极洲有最猛烈的风。只有某些特定种类的植物、藻类、地衣和一些动物能够适应南极的环境。

欧洲

面积： 10 180 000 平方千米（面积第六大的大洲）

地理位置： 欧洲位于亚欧板块的西端，东至极圈乌拉尔山，南至马罗基角，西至罗卡角，北至诺尔辰角。它的面积是世界陆地总面积的十五分之一。它的北方是北冰洋，西方是大西洋。欧洲南部边界毗邻库马－马内奇洼地、黑海、里海和地中海。欧洲东部和东南部与亚洲接壤。

人口： 约 7.5 亿（截至 2019 年）

国家和地区数量： 45

最大的国家： 俄罗斯

最小的国家： 梵蒂冈

欧洲国家语系众多。鉴于不同的文化和行为方式，这些国家承载着彼此相关但又非常不同的历史遗产。欧洲的人口包含一定数量来自亚洲和非洲的移民，但是移民的人数仍然少于原来的居民。

大洋洲

面积： 8 970 000 平方千米（面积最小的大洲）

地理位置： 大洋洲面积最大的澳大利亚位于南半球、东半球，为太平洋和印度洋所环抱。巴斯海峡将澳大利亚的南端与塔斯马尼亚岛分开。

人口： 约 4 300 万（截至 2019 年）

国家和地区数量： 16

最大的国家： 澳大利亚

最小的国家： 瑙鲁

大洋洲超过一半的居民生活在澳大利亚，大多为欧洲人后裔。大洋洲各国经济发展水平差异显著，只有澳大利亚和新西兰是发达国家，其他岛国多为农业国，经济比较落后。

▼ 澳大利亚悉尼

岩石与矿物

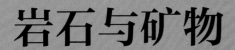

岩石是一种组成地壳的天然矿物集合体，形成于地质作用，是人类研究各种地质构造和地貌的物质基础。我们身边随处可见的土壤，就是来自岩石的风化。

岩石是研究地壳历史的依据，有的岩石中还可能发现珍贵的史前化石。因此，人们对岩石展开了广泛的研究，并根据其成因进行了分类。

岩石由矿物晶体组成，这些矿物晶体所包含的元素各不相同，由此呈现出多种颜色。在我们的生产生活中，矿物的用途广泛：有的矿物包含许多有用的元素，被人们冶炼成各种工业需要的金属；有的矿物闪闪发亮，被加工成能够佩戴的珠宝；有的矿物还可被加工为化工原料，等等。由此可见，大自然赋予了我们极为珍贵的宝藏。

地球上的岩石

　　地球的岩石圈由岩石和泥土构成。岩石来自地壳之下，它们是由固态矿物晶体天然形成的物质，而这些矿物晶体则是由多种矿物颗粒凝聚而成的固态物质。地球上的岩石大致可分为三大类，即火成岩、沉积岩和变质岩。

火成岩

　　火成岩又称"岩浆岩"，是地球的坚硬地壳中最常见的岩石类型。火成岩通常形成于地壳中下部或上地幔中。有些火成岩也可以在地表形成。根据它们所在的位置，火成岩又可分为两种类型——侵入岩和喷出岩。

▲ 在玄武岩表面流动的熔岩

鉴定侵入岩

侵入岩是大晶体的聚合物。仔细观察，你就能注意到其中有许多晶体熔合在一起，成为一大块火成岩。这些晶体的大小基本相同，而且我们能用肉眼清楚地看到它们。花岗岩是一种侵入火成岩，它是在地球内部形成并在地表之下凝结的。

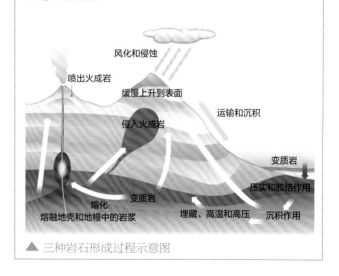

▲ 三种岩石形成过程示意图

● 侵入岩

　　侵入岩是指当上覆岩层压力减轻时，软流层中的岩浆钻出后在地壳深处冷凝而形成的岩石。地幔中炽热的熔融岩浆在冷却后缓慢地凝结成晶体。然后，这些晶体被上推至地球表面下方，它们在这里进一步地冷却形成侵入岩。岩浆在这里冷却的速度比在地幔中快。随着时间的推移，由于侵蚀作用或其他自然过程，这些火成岩可能会暴露在地表之上。

● 喷出岩

　　喷出岩是指岩浆喷出地表冷凝而形成的火成岩。火山喷发会将岩浆抛出地表，这种岩浆又被称为"熔岩"。暴露在水和空气中的炽热熔岩会迅速冷却、凝固。熔岩的快速冷却会阻止大晶体的形成。因此，喷出岩的晶体非常细密，不能用肉眼看到。

喷出岩的外观

构成洋壳主体的玄武岩是喷出火成岩的最佳范例。它的颜色很深，而结晶颗粒非常致密，只有在放大镜下才看得到。

黑曜石和浮石同样是喷出火成岩。由于冷却的速度太快，它们不具有结晶结构，但非常有光泽，看上去像玻璃，因此又被称为"火山玻璃"。

▲ 火成玄武岩　　　　　▲ 有光泽的火成黑曜石

沉积岩

　　沉积岩是指暴露在地壳表层的岩石在地球发展过程中遭受各种外力的破坏，破坏产物在原地或者经过搬运沉积下来，再经过复杂的成岩作用而形成的岩石。它是由卵石、贝壳碎片和沙子的混合物形成的岩石。这些材料源自被称为"碎屑岩"的岩石侵蚀物。砂岩和粉砂岩是典型的碎屑沉积岩。

　　由死亡动植物的分解物形成的沉积岩被称为"有机岩"，而由来自沙漠、海洋以及湖泊等低洼地区的零碎物质形成的沉积岩则被称为"化学岩"。

沉积岩的形成

- **碎屑岩**：由岩石碎块、卵石等碎屑沉入水底并逐渐累积形成。碎屑层不断堆叠，下层在上层的重力作用下被挤碎和压实。在被压实的过程中，这些分层中的水分被挤压出来。其中的矿物质和液态物质形成某种胶状物，将这些碎屑黏合在一起，碎屑沉积岩就这样形成了。砂岩是一种典型的碎屑沉积岩。

- **有机岩**：由贝壳、动物牙齿和骨头中的钙质，以及动植物遗体分解后的残留物质在沉积层中不断累积形成。随着时间的流逝，这些沉积层缓慢融合到一起，形成有机沉积岩。这类沉积层的压实和胶结过程与碎屑岩的形成过程相类似。珊瑚礁是典型的有机沉积岩。

- **化学岩**：化学沉积岩通常分布在干旱贫瘠之地。炎热的气温蒸发了水分，而此前溶解和沉积在水中的物质则被留了下来，它们堆积起来形成了沉积层。底部的沉积层开始缓慢地形成无机盐结晶，它们起到胶水的作用，将各种晶体黏合在一起。这就是化学沉积岩的形成过程。石灰岩是化学沉积岩中的一种。

有趣的事实

有一种岩石是我们每天都要吃的，它就是盐！我们称矿物形态的盐为"岩盐"。它分布在地壳中，人们将其打碎并制成盐块。

◀ 随着新沉积层的形成，沉积岩底部的沉积层被慢慢地挤压到地表之下

不断变化的岩石

变质岩中的"变质"指的是"形态变化"，它是由地壳中先形成的火成岩或沉积岩，在构造运动、岩浆活动或地壳内热流变化等内营力影响下，矿物成分、结构构造发生变化而形成的。火成岩、沉积岩等岩石一旦进入另外一种环境，其中的矿物质就有可能会变得不稳定，容易形成变质岩。例如，如果某种岩石被埋在地下，逐渐升高的温度和压力将极大地影响其内部的矿物质。

▲ 变质岩呈现出多彩的细密条纹

为什么会发生变质过程？

最根本的原因是构造板块的碰撞和其他地壳运动会使岩石进入不同的环境，在这种高温和高压的作用下便会发生变质作用。在这个过程中岩石可能会被埋在其他岩层或地壳下面，又或者在上层岩层的压力下被压碎。但是这种变质作用需要经历漫长的时间才能形成。

熔融不是变质岩形成的过程

变质过程的一个特点是，固态岩石不会转化成液态，而是在维持固体状态的情况下，岩石中的分子发生了替换或重新排列。即使变质岩暴露在极端高温中，它也只是被折叠或变形，而没有被熔融。岩石中的分子经历了物理的和化学的变化，这意味着除了其中的矿物质，变质岩的形状和外观也发生了改变。靠近熔融岩浆或熔岩的岩石会因受热而发生变质，但是如果岩石被熔融并冷却，它将形成火成岩。

变质岩中的变化

暴露在极端压力中，其中的矿物颗粒会呈平行排列的状态，这种作用形成的变质岩被称为"片理岩"。如果压力超过某个临界点，变质岩将沿着这些平行阵列开裂，形成所谓的"岩石劈理"或"板状劈理"的分界。这种现象在板岩（由页岩变质而来）中表现得很清晰。

有的岩石被暴露在高温高压下。这种温度和压力虽然尚不足以熔融岩石，却可以使其中矿物质平行排列，并根据颗粒的构成将它们截然分开。我们在片麻岩（由花岗岩变质而来）中可以看到这类现象。

岩石循环

每种类型的岩石都可能受到变质过程的影响。但是将一种岩石变成另一种岩石，往往需要数百万年的时间。山体在风化和侵蚀作用下产生的碎屑落入附近的河流，在那里形成沉积岩。这些沉积岩要么由于构造板块的运动经过再次的熔融过程后形成火成岩，要么随着新的碎屑层的堆积发生变质过程而逐渐成为变质岩。

▼ 斯里兰卡海岸的变质岩

不断流失的土壤

上升到地表的岩石暴露在阳光和风等自然因素之中将会承受风化的影响。风化导致的结果之一就是使岩石碎裂并分解成较小的颗粒。

风化因子

风化是由风、水（包括冰）等自然因素或植物、动物等生物因素引起的。岩石表面的矿物质在风化过程中松动分解，然后被侵蚀因子带走。也就是说，风化和侵蚀是共同发挥作用的。

所有的岩石都会经历风化过程。无论一块岩石多么坚硬或庞大，它仍然会在时间的长河中被风化、瓦解。经历成千上万年的时间，山峰也可以因风化作用变成平原。

风化和侵蚀的影响

风化和侵蚀的共同作用，在较长的时间尺度下慢慢地改变了大地的景观。大约100万年前，北美洲的阿巴拉契亚山脉一度高达9 000多米。但由于持续不断的风化作用，今天这座山脉只有2 000多米高。

美国大峡谷因侵蚀过程而形成。附近的水流将岩石带走并在其他地方累积起来。当然，这个过程一直持续了数百万年。如果有水渗入，基岩也可能被缓慢风化成碎块，并最终化为土壤。

▼ 泰国一棵生长在土丘上的树。这里的土壤被缓慢地侵蚀成奇怪的形状

▲ 美国犹他州的景观拱门由岩石风化形成

土壤流失

岩石通过风化作用被分解成较小的颗粒，这些颗粒轻得足以被风和水等外部因子带走，并发生位置的改变。这个自然过程又被称为"土壤流失"。

土壤流失是一个引起全球关注的问题，几乎每一个大洲都面临着这一问题。土壤流失可以以极为缓慢且难以察觉的速度发生，但往往会造成令人惊畏的破坏。

改变岩石的风化

　　在长达数百万年的风化和侵蚀下，地貌会发生改变甚至被完全破坏。这些过程被统称为"侵蚀"，但是它们彼此之间有很大的不同。侵蚀作用指岩石和矿物经由媒介，如水、冰、风及重力等引起其移动与瓦解，是一种将岩石剥夺的过程。风化可分为两种类型——机械风化和化学风化。

机械风化

　　机械风化或物理风化是指岩石在温度变化、冻融、有机体、水、风和重力等物理机械作用下崩解、破碎成大小不一的碎屑和颗粒的过程，但是并不会发生化学成分的改变。比如在气温下降时，水变冷或结成冰，体积发生膨胀，扩大了岩石的裂缝，足够宽的裂缝将会使岩石发生分裂。一旦结冰的水再度融化，它就会通过侵蚀作用将岩石碎粒带走。

● 气温和水的影响

　　气温的升高和下降会加热或冷却岩石表面。岩石随温度升高而膨胀，随温度降低而收缩。随着时间的推移，岩石中分子间的凝聚力逐渐被削弱，岩石变得越来越疏松，最终分裂成小碎块。此外，海洋中的盐水会渗入岩石的孔隙，盐水蒸发后留下结晶盐，岩石本身含有的盐水也是如此。结晶盐的体积逐渐增长，最终迫使岩石开裂。

▲ 风化导致岩石或土壤中出现深深的裂缝

● 动植物的影响

　　植物根系在土壤中的生长以及种子萌芽，也能造成机械风化。这类过程加宽了各土壤层中的岩石的裂缝。树根可以给岩石造成很大的裂缝，而苔藓和灌木生长导致的细小裂缝会在其他风化因子的作用下变得越来越大。鼹鼠、兔子、蚯蚓、在地下筑巢或挖掘通道的昆虫等动物，都会导致土壤中的岩石发生机械风化。

景观拱门的风化

美国犹他州的景观拱门是全世界最大的自然拱门之一。随着岩石碎块从它上面掉落，这座拱门正变得越来越薄和脆弱。这种变化是由风化过程引起的。

▼ 景观拱门

●其他因素

在气候炎热和温差较大的地区，例如炎热的沙漠，机械风化是一种常见现象。由于白天炎热、夜晚寒冷，持续的膨胀和收缩将引起机械风化。在这种条件下，几乎没有土壤或土壤层稀薄的地方也会有机械风化的现象。

有趣的事实

位于印度阿格拉的泰姬陵是一座完全以白色大理石修建的宏伟建筑。受当地酸雨的影响，这座恢弘建筑的亮泽光彩逐渐变得黯淡。

化学风化

所有岩石都是由某类物质构成的。这些岩石在上升到地表后，就暴露于空气之中。接近水体或位于水中的岩石有时会溶解于水，这是因为空气中的二氧化碳与水混合形成了碳酸。举例来说，石灰岩在接触到碳酸水时会发生溶解。

▲ 被缓慢锈蚀的含铁岩石

一些岩石含有铁元素，在接触到氧气时，它们会经历所谓的"氧化"过程。这是一种化学风化的过程，物质分子发生结构和外观上的变化。铁在被氧化时，将会出现锈蚀现象。铁锈在岩石中不断增长，从内向外缓慢地形成裂缝。这些裂缝破坏岩石并使其开裂。

●降雨造成的化学风化

当雨滴从天空落下，它们与空气中的二氧化碳等物质作用并生成碳酸和硫酸，落到地表的这些酸性雨滴被称为"酸雨"。尽管它们的酸性很弱，但是长期接触酸雨的自然地貌或岩石表面仍然会发生缓慢的溶解。如果酸雨落入河流和湖泊，水中的含酸量随之升高，这也会导致岩石的风化。

●植物引起的化学风化

植物和植物制造的有机酸也会引起化学风化。你见过岩石表面上软茸茸的绿色或黄色斑块吗？它们是生长在岩石上的地衣。这些地衣会在岩石表面上分泌一种酸。然后，苔藓和类似苔藓的植物就会开始在这些岩石上生长。它们的根会使岩石产生微小的裂缝。

酸雨

▼ 一家造纸厂在排放有害气体

人类活动也是酸雨的成因之一。炼油厂、化工厂和机动车辆将大量化学物质和废气排入空气。这些化学物质和废气使得雨水和海水中的酸性成分显著增加，"酸雨"一名正是因此而来。

大地之毯

我们将种子播种在土壤里，它们需要吸收土壤中的营养物质才能长成庄稼或大树，而土壤层的形成往往需要数百万年的时间。

▲ 土壤上层

土壤的年龄

和人一样，土壤也有年龄。土壤的年龄是根据它的分层数量以及经历的风化程度来衡量的。通过检测土壤中的成土母质，就能知道土壤的年龄。成熟的土壤有较多分层，而每个土层也会更厚实。

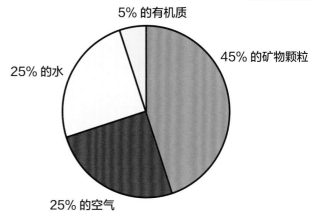

5% 的有机质

45% 的矿物颗粒

25% 的水

25% 的空气

▲ 土壤的构成

土壤的形成

在漫长的时间里，风化、侵蚀和其他自然过程将地球表面的岩石和矿物分解成较小的颗粒，它们与"腐殖质"相互混合在一起。腐殖质是土壤里的微生物制造的有机混合物。微生物将动植物遗体降解，制造出了这种混合物。土壤的质量和形成过程取决于 5 项因素。

影响土壤形成的 5 项因素

成土母质	在受到各种因素影响之后，岩石或矿物被风化成较小的颗粒，这些颗粒是未来形成土壤的基本的原始物质。
气候	这是个非常重要的因素。在温度较高的地方，有机质的降解速度更快，而含钙类化合物在土壤中的运动则受到土壤含水量的影响。
植被和土壤中的有机物	不同类型的植物需要从土壤和周围的环境中获取不同的营养。同样，土壤中的各类生物在土壤中取用和回馈的物质也是不一样的。
地形	一个地区的地貌也会影响土壤的形成。例如，在山区和平原上，土壤的形成过程是不同的。
时间	土壤可分为许多分层。土壤的分层处于不断的变动之中。周围环境随着时间的改变可以影响土壤的类型。

土壤的分层

　　我们在地球表面见到的土壤只是它的多个分层之一。土壤有着清晰的分层。这些分层在英语中被称为"horizons"（意为"水平"），从上到下以字母 O，A，E，B，C 和 R 来命名。位置越往上的分层，土壤质地越光滑，其中的颗粒越细小。不同类型的土壤，有着不同的分层组合和序列。某些地区的土壤可能拥有所有类别的分层，而另一些地区土壤则可能只有其中的部分分层。

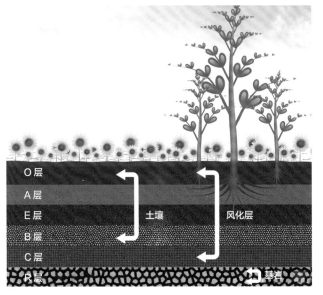

▲ 土壤的剖面示意图

O 层

　　O 层是最上面的一个分层，由腐殖质、落叶或凋落物以及已经死亡、正在降解的其他有机质构成。这一分层包含处于不同阶段的降解物质。举例来说，取决于所处的降解阶段，有些落叶或许仍可以看出是植物的某一部分，有些则已变得面目全非。

A 层

　　这一分层又称为"表层土"，它的颜色很深。种子应该被播种在这个分层里。它将经历一个名为"萌发"的过程而逐渐发育。在长出根和茎之后，根系在这一分层里扩散开来。A 层土壤含有腐殖质和矿物质的微小颗粒，能够为植物提供充足的营养。

▲ 处于萌发过程中的向日葵幼苗

E 层

　　这一分层的颜色比在它上方的 A 层和下方的 B 层都要浅一些。这一分层主要见于森林土壤，因为森林的植物凋落物含有更多的酸性物质。E 层中含有大量的淤泥和沙子。受"淋溶作用"的影响，这个分层失去了其中的矿物质（氧化铝、铁和碳酸钙）和黏土。在这个过程中，这一分层的上层土壤逐渐变得松散，不再具有保持含矿物质的水分的能力。

B 层

　　B 层又被称为"心土层"。含有矿物质的水分渗入这一分层，因此它获得了来自上面几个分层的黏土和矿物质。

C 层

　　C 层含有成土母质，也即正在缓慢经历风化过程的大块碎石。这一层有机质的含量不高。

R 层

　　这一层是基岩层，其中包含大量没有被风化的非土壤原材料（火成岩、沉积岩或变质岩）。它在解体后就会变成成土母质，经过较长的时间之后，也可以转变成上述位置较高的几个土壤分层。

▼ 土壤中的蘑菇（真菌）

再见了，土壤

　　土壤流失主要是由风和水这两个因素导致的，它们通过多种方式侵蚀土壤。

▲ 农场土壤中的沟

▲ 因降雨导致的侵蚀过程而"遍体鳞伤"的弃土堆

水导致的土壤流失

　　水导致的土壤流失可分为以下类型：

● **溅蚀**：指雨滴直接打击地面，使土体分散，并分离出细小颗粒，被飞溅雨滴带起而产生位移的过程。

● **片蚀**：指坡地上的土层被坡面迳流或者片状水流洗刷或冲走形成片状痕迹的过程。

● **细沟侵蚀**：细沟是溪流中或降雨时形成的水流在经过坡面时形成的细小的凹痕。人们可以用耕作工具将细沟耕平或填平。

● **冲沟侵蚀**：冲沟与细沟类似，只是规模大得多。它也是因水的流动而形成的。

风导致的土壤流失

　　只有最细小的土壤颗粒，如有机质、壤土和黏土，才会在风力侵蚀的过程中被吹走，它们可能会被吹到很远的地方。风力侵蚀在几个月没有降雨的干旱地区是一种普遍现象。这类地区的风速也比较大，我们在窗户上以及室外物体上看到的尘埃就是风力侵蚀的现象之一。风力侵蚀有三种形式：悬移、跃移和蠕移。

● **悬移**

强风将粒径小于 0.1 毫米的极细小的砂粒吹到空中。这些砂粒被带离原来的位置，只有当风停下时，才会落回地面。我们将这种现象称为"悬移"。在风蚀过程中，悬移的砂粒一般占总搬运量的 3%~40%，搬运的高度最高、距离最远，是沙尘暴主要构成部分，造成的土壤损失最为明显。

> **移动的冰川**
>
> 寒带地区有大量的冰和积雪。积雪下方的岩石会由于它上面的冰川和冰原的运动而遭受风化和侵蚀。冰川以非常缓慢的速度沿着山坡向下移动，它的重量很大，当冰川在山体表面移动时，会带着这一路上所有的物体随着它移动，其中包括积雪下面的冰巨石、碎石和岩石状颗粒。

▲ 风力侵蚀"雕塑"出的岩石构造

● **跃移**

砂粒在风力的作用下以跳跃方式前移，简称"跃移"。由于在每一次跳跃中都要受到冲击，这些砂粒会掉落一些碎屑。跃移的砂粒直径较小，只有 0.1~0.5 毫米，跳跃的高度最高可以达到距离地面 30 厘米。其搬运量占总搬运量的 70%~80%。它们在风中不断跳跃，直到风力减弱或完全停止。

▲ 意大利撒丁岛上的花岗岩在风化作用下形成的结构

> **有趣的事实**
>
> 2006 年，美国康奈尔大学进行的一项研究表明，印度土壤流失的速度是其形成速度的 40 倍。

● **蠕移**

当风速较小或者地面砂粒较大（粒径大于 0.5 毫米）时，砂粒沿着地面滚动或滑动，称为"蠕移"。在风速较低时，它们时行时止，每次只能移动几毫米。随着风速增大，不仅移动距离增大，而且移动的砂粒增多，甚至整个地面的砂粒都向前移动。蠕移的搬运量占风力总搬运量的 20% 左右。

● **各个过程的相互联系**

运动中的砂粒在跃移过程中不断弹跳并互相碰撞，导致部分砂粒表面松散物质的脱落，因此这些砂粒变得轻重不一。较轻的砂粒被风吹起，参与悬移过程，而较重的砂粒则通过蠕移过程沿着地表滚动。

我们脚下的生命

数以亿计的生命有机体生活在土壤之中。它们中有的身形太小，如果不使用显微镜或放大镜的话，我们很难看得到。土壤对于它们的生存至关重要，不仅为它们提供了庇护所，还赋予它们食物和工作。同样，这些生命有机体对于土壤来说也非常重要，如果没有它们，就不会有肥沃的土壤。

受气候影响的生物行为

土壤中主要有六种类型的生命有机体，分别是细菌、原生动物、真菌、线虫、节肢动物和蚯蚓。它们在土壤中成千上万地存在。如同其他生物一样，它们的行为与气候有着紧密的联系。

在夏天，土壤温暖湿润，这些地中生物最为活跃。到了秋季和冬季，土壤干燥冰冷，它们会减少活动或休眠。

有机生物的益处

有机生物都可以直接或间接地为土壤带来益处：

- **细菌**：细菌是单细胞微生物。有些细菌起到分解的作用，它们能把动植物残体中复杂的有机物，分解成简单的无机物，释放到环境中，供生产者再一次利用。病原体和它们的互惠共生生物一起对抗有害的致病生物，并过滤土壤中的污染物。
- **真菌**：酵母菌和蘑菇都属于真菌。蘑菇是多细胞生物，生长在土壤中或岩石和植物上。在真菌的作用下，土壤可以积累更多有机质，减少病害迹象的出现。
- **原生动物**：原生动物是以细菌为食的单细胞微生物。它们通过这种进食过程向植物提供氮元素。原生动物从细菌那里得到的氮会超过自身的需要，它们将多余的氮释放出来，这些氮可供植物使用。

▲ 含有红蚯蚓的粪肥

土壤中的蚯蚓

有些生物对于生长在土壤里的植物是有益的，而另一些生物则对植物有害，还有些生物对植物没有直接的影响。深栖类和内栖类蚯蚓在土壤深处挖洞，它们将土壤表面富含营养的有机质带入更深层的土壤。表栖类蚯蚓不挖洞，它们生活在土壤表层。表栖类蚯蚓是最常被见到的蚯蚓，以土壤表层的死亡有机物和腐败物质为食。

橙色的帽状真菌 ▼

拯救土壤

形成 1 厘米厚的土壤，需要数百年乃至上千年。让土壤变得肥沃，足以供养植物和作物的生长，同样需要很长时间。然而，人类活动造成土壤退化的过程却用不了多少年。表层土壤遭到风化或侵蚀，对于我们来说是很大的损失。采取措施来保护土壤是很重要的。

土壤保持

土壤保持是维持土壤质量和农业产量的一种方法。现在，我们每过 100 年就会损失两三厘米厚的土壤。土壤流失和风化虽然是无法阻挡的自然过程，但我们可以通过一些手段降低土壤的流失速度。

土壤保持的措施

通过种植根系健壮且深广的植物，可以有效地防止土壤流失。这些植物的根系有助于将土壤固定在原地，减少风或水对土壤的侵蚀和搬运。在种植作物时，我们也应采取同样的思路。

例如，等高带状间作就是一种已经被证明能够有效防止土壤流失的作物种植方法。它是指在坡耕地上沿着等高线耕作和种植，成带状交互间作，有密生作物和疏生作物、高秆作物与低秆作物、农作物与牧草间种的一种坡地保持水土的种植方法。作物的数量、种类和生长周期需提前计划。这种方法不但能预防土壤流失，还能保持土地的肥力。

为什么要保持土壤？

风和水是引起土壤流失的主要因素，岩石的风化也是它们造成的。风和水携带的微小颗粒可能会对人类环境产生污染。

被风或水从农业用地中带走的土壤颗粒，可能含有对人体有害的农药、杀虫剂和化肥。这造成土壤质量的下降、空气和水的污染，严重损害了地球上的生态系统。

两三厘米厚的土壤看似无关紧要，但其中含有植物生长所需的大量营养和有机质，土壤最上层 15~20 厘米的土层是最为重要的。

含有红蚯蚓的粪肥 ▶

元素和矿物

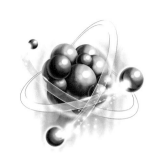

　　宇宙中的每样东西都是由元素组成的。每种元素只对应一种原子。一种元素与其他元素发生反应或结合在一起，生成化合物。构成岩石的矿物就是一种化合物。

　　地球上总共有94种天然元素，一些性质极不活跃的元素（例如金）以单质的形式存在，而绝大多数元素通过化学反应与其他元素结合在一起。

什么是矿物？

　　矿物是由一种或多种元素以固定比例结合而成的，通常有特定的晶体结构。地球上的矿物共有4500多种。矿物一般是固体，但以液态方式存在的汞是个例外。我们在日常生活中经常见到的岩石是矿物的集合体，单质的矿物相对罕见。金刚石，也就是俗称的钻石，是一种罕见的、由碳元素组成的单质晶体。

　　人类出于实用和装饰两种目的，使用矿物已有数千年的历史。

钻石价值极高，多被用于制作珠宝 ▶

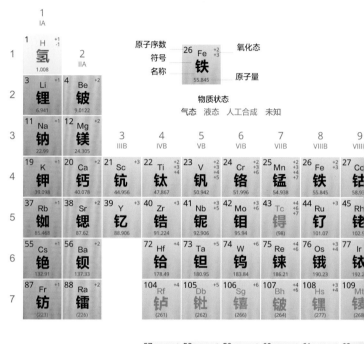

矿物的形成

大量的地质活动为矿物的形成创造了条件。不同的地质作用使得岩浆中的元素以不同的方式形成结晶。例如，花岗岩中的长石和石英，是在地下深处由大量岩浆缓慢固结形成的，而玄武岩中的辉石和橄榄石则是喷发熔岩冷却形成的。再如，板岩中的云母是在变质过程中形成的。

晶体结构

　　我们不妨将原子想象成砖块，要想用这些砖块制造建筑，就必须将它们相互结合并叠加到一起。晶体结构是元素（无论是一种还是多种）的连续排列，矿物中的原子或分子通过电子引力而相互联结。由于组成矿物的元素不同，它们可以形成不同的三维结构。例如，盐含有氯和钠两种元素，它们结合为一个立方体结构，这决定了盐晶体的形状也是立方体。许多矿物晶体都是在高温高压的环境中生成的，形成石英晶体的条件之一是温度要达到1700℃。

岩盐

　　岩盐一般是由盐水在封闭的盆地中蒸发而形成的。在地质历史中，海水不断涌入海湾，当海水变得饱和时，蒸发作用会导致矿物质从水中析出，其中就包括岩盐。岩盐是典型的化学沉积成因的矿物，在盐湖或潟湖中通常与石膏等化合物共生。

大多数矿物的晶体结构无法用 ▶
肉眼观察，但我们可以用多种
方式来认识其结构及性质

矿物分类

矿物的分类方法很多，早期曾采用纯以化学成分为依据的化学成分分类法。现在，一般广泛采用以矿物本身的成分和结构为依据的晶体化学分类法。

从矿物的分类及矿物成分来看，矿物分成单质和化合物两种。单质是由一种元素组成的矿物，如金刚石的成分是碳，自然金的成分是金。化合物则是由阴阳离子组成的。

造岩矿物是指组成岩石的矿物，常见的造岩矿物只有十多种，如石英、长石、云母、角闪石和辉石等。常见的造岩矿物可分为5类——硅酸盐矿物、碳酸盐矿物、硫酸盐矿物、氧化物矿物和卤化物矿物。其中，硅酸盐矿物最为多见，可以占到地壳总含量的90%。

- **硅酸盐矿物：**所有硅酸盐矿物具有同样的结构单元——硅氧四面体，即1个硅原子被4个氧原子环绕，然后这个硅酸盐结构再与其他元素互连。主要的硅酸盐矿物包括长石、橄榄石、辉石、角闪石、石英等。
- **碳酸盐矿物：**与硅酸盐矿物相比，碳酸盐矿物的结构要简单得多，种类相对较少，最常见的有方解石和白云石。
- **硫酸盐矿物：**在硫酸盐矿物中，1个硫原子被4个氧原子环绕。此类矿物拥有各不相同的性质。一些硫酸盐矿物甚至溶于水。许多硫酸盐矿物有荧光。
- **氧化物矿物：**在氧化物矿物中，氧原子与某种金属元素（如铁）堆积在一起。此类矿物中既有坚硬的，也有柔软的。虽然大多数氧化物是黑色的，但也存在一些彩色的氧化物。
- **卤化物矿物：**卤化物是各种类型的盐。它们的主要阴离子是卤素。卤化物矿物通常柔软透明。

方解石和菱铁矿同属于碳酸盐矿物这一大类。它们都具有由1个碳原子和3个氧原子组成的碳酸盐离子。由于碳酸盐离子结合的阳离子不同，这两种矿物具备不同的性质。方解石中含有钙离子，是肉眼可见的透明晶体集合，受外力后很容易碎裂为细小的晶体颗粒；菱铁矿中含有铁离子，晶体的性状不明显，颜色呈灰白或黄白，可被用来提炼铁。

有趣的事实

云母是一系列矿物的统称，属于硅酸盐中的一种。这种矿物柔软到我们可以用指甲在上面划出痕迹。云母的触感像肥皂，因此很多人又称之为"滑石"。我们涂在身体上的爽身粉的主要成分就是云母。

▲ 石膏可以被制成灰泥，用于建筑之中

▲ 赤铁矿含有铁元素，又称氧化铁

▲ 石英又称二氧化硅，是最常见的硅酸盐矿物之一

▲ 方解石又称碳酸钙，主要出现在石灰岩中

天然珍宝

宝石是地球上价值最高的矿物。然而，第一眼看到未经切割的宝石矿物时，你可能会觉得它看上去很普通。这些内藏锦绣的原石要经过切割、定型和抛光等工序，才会形成我们在杂志上和珠宝店里见到的那种光芒四射的宝石。

贵重宝石

宝石又可分为贵重宝石和半宝石。钻石、红宝石和翡翠属于贵重宝石一类。钻石是世界上最坚硬的矿物，也是地球上天然形成的硬度最高的物质。钻石仅由碳元素构成，在未切割的形态下并不起眼。它们形成于很深的地底，那里的高温高压为钻石的形成创造了理想的条件。全世界只有极少的几处钻石矿。

▲ 坚硬的钻石被广泛用于装饰和工业切割

金属制成的钱币

通过对矿石加以提炼，我们可以获得各种金属，其中铜与铁是最常见的，而较为稀罕的金和银则被称为"贵金属"。经提炼的金属具备很好的韧性，可以被锤打和塑形。自数千年前起，人们就将轻便但价值较高的金属制成钱币，用它们来交换其他货物。人们还用金银来制作供佩戴的首饰。

红宝石和翡翠

红宝石实际上是一种含铬的刚玉。刚玉是矿物中的一种，由氧化铝结晶而成。蓝宝石在本质上也是刚玉，含有少量钛元素和铁元素，这两种元素的微小变化就足以让蓝宝石形成与红宝石不同的色彩。

翡翠由以辉石类为主的矿物组成，一般形成于低温高压的变质岩层中。翡翠在东亚地区深受人们喜爱。根据铬、铁等微量元素的含量，翡翠可呈现出不同的色彩，其中以祖母绿色最为名贵。世界上90%以上的翡翠产于缅甸，在缅甸盛产翡翠的地区，往往可以看到数以百计的大小矿场。

▲ 由于人们非常喜爱红宝石热烈鲜红的色彩，许多品牌的唇膏、衣服和鞋子都采用了这种颜色

石墨

许多人想不到，看上去黝黑油腻的石墨也像钻石一样是一种碳单质，但石墨内部的结构却与钻石大不相同。石墨中的碳原子在同一平面上形成正六边形，进而形成片层结构，而钻石中的碳原子形成了立体的正四面体。石墨的物理性质也不同于钻石，韧性极好，可被碾成很薄的薄片。

金

金是一种贵金属，具有易于熔炼、抗腐蚀等特点，在地球上的储量非常少。19世纪，在美国加利福尼亚州和南非先后发现了金矿，这个消息将全球数以十万计的移民吸引到那里，许多人怀着一夜暴富的梦想去"淘金"。后来，人们将这股热潮称为"淘金潮"。

多彩的地貌

你见过落基山脉的照片吗？你有没有俯瞰它深邃的峡谷？不妨将它与澳大利亚的西部平原对比一番。这便是地理学中的"地貌"。

陆地表示地球表面未被海水淹没的部分，它由各类岩石和散碎的泥土构成。地貌即地球表面各种形态的总称，多种多样的陆地构造，如平原（平缓的陆地）、山脉、丘陵、山谷等都可被称为地貌。地貌是内营力（地球内部能量所引起的地质作用）和外营力（地球表面受太阳能、重力、日月引力以及生物活动而产生的营力）相互作用的结果。我们不会将建筑或高尔夫球场等人造结构归类为地貌。

地貌是一个地区自然特征的必要构成。风和水流侵蚀岩石，创造出峡谷和山谷等地貌。一种地貌的形成往往需要对地表岩石进行数以百万年计的物理和化学作用。

地貌可分为山脉、平原、高原、丘陵、孤丘、峡谷、山谷、岛屿、沼泽、盆地等。地貌不只限于陆地，大洋深处的沟渠也是地貌的一种。

地貌的分类

　　地貌指地表的各种形态,它与地球的历史有紧密的关联。我们研究地貌的目的是更多地了解地球以及自然地理各要素的形成机制。这门以地球的物质组成、内部构造、外部特征、各层圈之间的相互作用和演变历史为研究对象的学科被称为"地质学"。研究地质学的科学家被称为"地质学家"。

地貌是如何被塑造的?

　　地貌是在一系列外力和内力的持续作用下形成的,基本上不受人类活动影响。根据地貌的形成方式,我们可以将其分为四种类型,分别是构造地貌、侵蚀地貌、沉积地貌、风化地貌。

▲ 流水侵蚀地貌

● 构造地貌

构造地貌是由地球内力作用直接造就且受地质体与地质构造控制的地貌。就整个地球而言,所有大尺度的地貌单元均为地壳变动直接造成。完全不受外力作用影响的地貌,如现代火山锥和新断层崖是十分罕见的。构造地貌通常位于大陆块边缘。美国东南部平原是典型的构造地貌。

● 侵蚀地貌

强风、流水和重力都对陆地表面产生作用。被风化或暴露在风中的物质因此被逐渐清除。经过数百万年的时间,陆地表面将在持续不断的侵蚀过程中改变形状,形成山谷或悬崖。因此,这种地貌被称为"侵蚀地貌"。

▲ 阿尔卑斯山脉是典型的构造地貌

● 沉积地貌

地表被风化或侵蚀而缓慢流失的物质有时会缓慢地沉积下来,创造出新的地貌。在热、风和其他化学过程的作用下,这些沉积物会变平或者被压实。我们将通过这种过程塑造出的地貌称为"沉积地貌"。例如,平原和三角洲都属于沉积地貌。

● 风化地貌

使岩石受到破坏和发生改变的各种物理、化学和生物作用被称为"风化"。我们将由长期风化过程塑造出的地貌称为"风化地貌"。多种形态的土壤和多边形土是风化地貌中常见的特征。

▲ 位于中国的这处自然岩石构造曾受到风化和侵蚀的影响

▲ 一条在山谷中流动的小河

▲ 博茨瓦纳共和国境内的奥卡万戈三角洲

▲ 一位地质学家用岩锤敲松地表的岩石

▲ 爱尔兰的莫赫陡崖

多成因地貌和多旋回地貌

某些地貌可能同时经历了上述这些过程。这一类地貌被称为"多成因地貌"。塑造大型地貌的内外营力强弱的周期性变化，使大型地貌的发展表现出多次渐进变化与急剧变化的交替，这就是地貌发展的旋回性。地貌的形成需要花费数百万年，是一个极其缓慢的过程。

大自然对地貌构造留下的证据

地质学家研究各种地貌的自然成因及其过程。它们有可能是风化、高温、大气压力变化、构造板块或冰原的运动、土壤流失和水流对地表的影响，等等。地质学家能够收集这些自然过程留下的证据，从而判断出有哪些过程曾经发挥作用。

有时地质学家甚至可以根据斜坡的坡度来推演地貌的形成原因及过程。

地貌的构造分类

有时地质学家根据构造的过程和结果对地貌进行分类。在研究一种地貌的构造时，地质学家会查看构成这种地貌的物质结构。每一种地貌中的物质都有其特定的排列方式和形成机制，这种形成方式与周围的环境和物质本身的自然属性均有一定关系。例如，沙漠中的石灰岩能够抵抗缓慢的风化作用。于是，在漫长的时间过后，这一部分的陆地慢慢演化为一座悬崖。另一方面，处于潮湿气候中的石灰岩和沉积岩不像在沙漠中那样可以抵御风化的作用，因此经过相当长的一段时间，这类岩层会转化成深邃的山谷。

地貌与排水情况

几乎所有地形都需要排水。通过研究地面及地下排水的速度，地质学家可以得到关于某种地貌的许多信息。排水速度影响地貌的外观和形成，因此，排水虽然是一个自然过程，但地质学家却将它作为地貌分类的重要考量之一。

有趣的事实

不同的地貌类型所需要的构造时间不同，这个过程可能只有短短数年，也可能长达百万年之久。

地球的巨大皱纹

　　古老的山脉被称为地球的"皱纹"，而年轻的山脉被称为地球的"脓包"，因为它们看上去就像生长在地球外壳上的皱纹和粉刺一样。

高山

　　山是一种常见于世界各地的地貌，我们在海底也可以见到它们的踪迹。山更多地形成于洋壳而非陆壳上。也就是说，绝大部分的山位于海底。地球上的某些岛屿其实只是这些山从大洋里露出的尖端。

　　大部分山拥有陡峭的山坡和一座圆锥状的山峰。有些山是因构造板块的运动形成的。喜马拉雅山脉作为全世界海拔最高的山脉，也是在两个构造板块的碰撞中形成的。火山活动和侵蚀过程同样可以形成高山。

山脉

　　有些山独自矗立，另一些山则连绵不绝。山脉，是指沿一定方向延伸，由若干条山岭和山谷组成的山体。因其形似脉状而且具有某种整体性质，所以被称为山脉。

火山活动

　　地球的表面之下有大量火山活动。在这些地方，地球内部的岩浆会被推向表面，抵达岩石圈底部。随着时间的推移，岩浆在这里逐渐冷却，形成坚硬的岩石。一旦上方较柔软的地表岩石遭到侵蚀，地下的岩石就会被暴露出来。以这种方式形成的山通常是圆锥状的，山顶看上去像一座穹顶。在漫长的时间里，强风和暴雨会改变山的形状，塑造出锐利的峰面和陡峭的山坡。

▼ 位于亚洲的喜马拉雅山脉

生长中的年轻山脉

喜马拉雅山脉、安第斯山脉和阿尔卑斯山脉是全世界最年轻同时也是最高的山脉。它们仍然在生长，预计会长得更高。不过，这些山脉也承受了风化和侵蚀的影响。

▼ 阿尔卑斯山脉附近的村庄

火山

　　火山看上去与普通的山没有区别，但它不同于世界上各个类型的山，向我们揭示出大自然暴烈、危险的一面。这些令人着迷的火山向我们透露了在地球坚硬的岩石表面之下大约100千米的情况。通过它们的活动，我们才得以了解地球的演化并为之勾勒出大致的时间表。

相关术语

火山一词的英文"volcano"有"出口"（vent）及"开口"（opening）的意思。可以说，火山是其内部的炽热气体、灰烬、燃烧的岩石碎块乃至熔融岩石的出口。

地壳下面的压力

　　被推向地壳的炽热岩浆和熔融岩石有时会积聚于某个"薄弱"点（通常位于两个构造板块的交界线上）。将它们推向地壳的力最终将迫使它们冲破地壳，自地表爆发出来。

岩浆囊

　　岩浆囊是火山底下充填着岩浆的区域，是地壳或上地幔岩石介质中岩浆相对富集的地方。当一个板块伸入到另一个板块下面并发生碎裂时，火山就有可能在这一类俯冲带内形成。地幔含有炽热的熔融岩浆和岩石，它们的"流动"引起了构造板块的运动。

　　俯冲板块被缓缓地压入地幔，并被熔融的岩浆所加热。当俯冲的板块被加热时，流体被释放。这会加热板块上方的岩石，从而形成上升到地壳下方的熔融岩石。这些岩石聚集在岩浆囊里。当囊中的压力增大时，岩浆从地壳中喷发出来，从而形成火山。最具爆炸性的火山往往形成于俯冲的海洋地带，即海沟，那里更加容易形成火山。

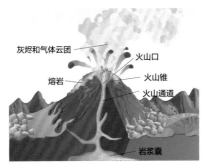

灰烬和气体云团　　火山口
熔岩　　火山锥
　　火山通道
岩浆囊

▲ 火山的喷发口和岩浆囊示意图

▲ 厄瓜多尔通古拉瓦火山的喷发

活跃、喷发与休眠

　　在过去的1万年里至少喷发过一次的火山被称为"活火山"，有规律地周期性喷发的活火山叫做"喷发火山"，而预计会在不远的将来喷发的活火山则被称为"休眠火山"。在过去的1万年里没有喷发过而且预计在将来也不会喷发的火山叫做"死火山"。

夏威夷火山

夏威夷以它的火山岛链著称。这些火山是大约7 000万年前形成的。夏威夷岛位于这些火山的东南方向。主岛和夏威夷岛链刚好位于这些早前在洋底喷发的火山的峰顶。

▼ 熔岩从夏威夷群岛上的基拉韦厄火山中喷发出来

褶皱和断层

　　褶皱山脉是最常见的山脉类型。世界上有一些最年轻且最高的山就属于这一类，它们还在继续长高。两个构造板块的碰撞有时会导致其接触面彼此挤压，共同的压力在交界处的多个地点造成岩层弯曲，形成了褶皱山脉。

造山运动

　　造山运动是指一定地带内的地壳物质受到水平方向挤压力作用，岩石急剧变形而大规模隆起形成山脉的运动。由于构造板块每年只移动约1厘米，所以这个过程会持续数百万年。绝大多数山脉是通过这种方式形成的。

　　喜马拉雅山脉就是造山运动的一个典型案例。这个过程也可以发生在两个大洋板块之间。新西兰的南阿尔卑斯山脉就是太平洋板块与印度洋板块相互碰撞形成的。

断层山脉

　　断层是地壳受力发生断裂，沿破裂面两侧岩块发生显著相对位移的构造。构造板块有时沿着这些断层移动，这种移动会导致地震。巨大的压力迫使断层两侧的岩层发生移动。一侧的岩层向上移动，另一侧的岩层向下移动。向上升起的岩层形成一座山，而被推下去的岩层则化为一道山谷。随着时间的推移，山与山谷在侵蚀作用的影响下又演化为山脊和山峰。有时，山谷也有可能被侵蚀作用所带来的岩石碎块填平。

> **地垒和地堑**
>
> 地垒是两个相同性质断层之间的上升断块。地堑是两侧被高角度断层围限、中间下降的槽形断块构造。二者之间的高度差在10~10 000千米这个范围内。

圣安德烈亚斯断层

　　位于美国加利福尼亚州的圣安德烈亚斯断层是在太平洋板块和北美洲板块的相互作用下形成的，前者以比后者更快的速度向西北方向移动。太平洋板块在移动时与北美洲板块发生撞击，形成了圣伊内斯山。内华达山脉持续上升，而内华达山谷则沉入了两个板块互相拉伸而创造出的裂隙中。

▲ 断层山脉的构造

穹形山

　　有时将岩浆向上推的压力不足以形成火山喷发口。这样的话，岩浆不会抵达地表，而是将上面的沉积岩岩层向上推动并形成一个穹形。穹形山就是这样形成的。

▲ 火山区

山谷

　　山谷是两座山丘或山峦之间的凹地。它是由溪流湖泊中的水流、冰川和冰的运动以及重力作用塑造出来的。北极和南极山地中的山谷由冰川塑造，冰川倾向于沿着阻力最小的路径移动，即沿着山谷的斜坡向下滑动。沉重而有力的冰川运动将沿途中的岩石碾压挤碎，这进一步拓宽了山谷。

▲ 一座 U 形山谷

裂谷

　　大型山谷又被称为"裂谷"。它们主要形成于构造板块彼此分离的地方。东非大裂谷从南部的赞比西河一直延伸到非洲北部，是以这种方式形成的世界上最大的裂谷。

穹形山的核心

　　随着时间的推移，岩浆冷却并硬化成岩石，形成穹形山的核心。穹形山是通过侵蚀作用在地表显露出来的，它清除了上覆物质。穹形山没有褶皱山高。内华达山脉的半穹顶就是一个典型的穹形山。

> **熔岩穹丘**
> 熔岩穹丘是高黏滞性、富硅岩浆缓慢挤出而形成的，大部分熔岩穹丘比较小。穹丘挤出可以因相当缓慢的熔岩运动而终结，也可能发生喷发，扩展成为火山碎屑所覆盖的坑。位于美国亚利桑那州的埃尔登山（Elden Mountain）就是一座熔岩穹丘。

高原

　　高原是指海拔达到一定高度的一大片平整陆地，一侧或多侧有陡坡。和山地一样，高原通常高于周遭的地貌，但它也有可能被夹在山丘或山脉之间。高原在英文中被称为"plateau"，这个单词源自法语，意思是"台地"。地球上大约三分之一的陆地被高原占据。

切割高原

　　切割高原由构造板块的运动形成。软流圈中岩浆和熔融岩石的运动将它们上推至岩石圈下方。这类活动会加热该区域并令最上层的地幔产生膨胀。于是，地幔上层上方的地表被抬升起来。如果这处地表原本地势很低并且抬升的力度相当均匀的话，那么它在升高之后将继续保持表面的平整。而来自岩石圈下方的压力会继续推高切割高原。美国的科罗拉多高原是一座切割高原，在过去的1000万年里，它每年都会升高0.25厘米。

侵蚀作用

　　就像山地和山谷一样，高原也受到侵蚀作用的影响。地表较柔软的岩石会随着时间的推移慢慢被侵蚀掉。因此，大多数高原的表面都布满坚硬的岩石。这种岩石坚硬、结实、十分耐久，又被称作"冠岩"。它的存在有效地抵御了外界环境对地表下方的土壤和岩石的侵蚀。

　　受水流冲刷作用而形成的山谷将延绵不绝的高原分割开来。水流切割和营造了高原中的山谷。例如，哥伦比亚河就切割和改变了美国的哥伦比亚高原。

▲ 科罗拉多高原上的纪念碑谷

有趣的事实

青藏高原的平均海拔超过 4 000 米，它是全世界最高的高原，形成于大约 5 500 万年前印度板块和亚欧板块的碰撞。喜马拉雅山脉在同一时期形成于这次碰撞的交界处。

离散高原

有时，侵蚀过程会促使大型高原被侵蚀成多个较小且彼此分离的抬高部分。这些被截为一段一段的高原又被称为"离散高原"。离散高原的形成需要相当漫长的时间。世界上的离散高原非常古老，而且是厚重岩块形成的复杂构造。离散高原往往含有大量的煤和铁矿石。

高原的形成机制

高原的形成机制与山脉相似。一座高原的形成往往需要数百万年的时间。它是由地质构造过程中任意一种或多种作用力共同影响而形成的。高原与山脉的主要区别是，高原的表面相当平整。虽然高原非常宽广，但它的高度往往大于宽度。高原可分为切割高原或火山高原。

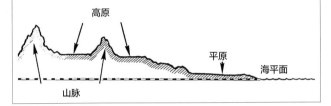

火山高原

火山高原是由持续相当一段时期的小型火山喷发形成的。流出的岩浆覆盖并累加在上一次火山喷发时喷出的熔岩上，面积可达 200 平方千米以上。这种不断的累积导致岩石硬化并形成巨大的高原。有时活火山会在一座火山高原上形成。

▲ 在科罗拉多高原上吃草的马

风和水的影响

随着时间的推移，风和水可以对高原造成深远的影响。在风和水的作用下，升起的陆地缓慢地被风化和侵蚀成一座高原。它们使高原与周围环境有了显著的不同。

经过许多年后，我们将会看出高原构造因为风和水的影响产生的剧烈变化。它们影响高原的地貌，将它打磨成平顶山或孤丘。高原地貌还可能演化成拱门岩石或奇形岩（直立在干旱大地上的细而高的岩石构造），正如在美国犹他州的锡安国家公园和布莱斯峡谷国家公园中所见的那样。

▼ 布莱斯峡谷国家公园

平顶山和孤丘

　　高原是一片升起的平整陆地，一侧或多侧有陡坡，而平顶山和孤丘则是具有高原特征的地貌。

平顶山

　　英文中"平顶山"（mesa）一词源自西班牙语中意为"桌子"的单词。这个名字是 16 世纪中期来到美国西南部的西班牙探险家起的。他们将这种地貌称为"mesa"，是因为它的顶部看上去就像桌子的表面一样平。平顶山有平整的上表面和高而陡峭的侧面。

　　平顶山是高原、山丘或山地被水或风侵蚀而形成的。和高原一样，它们是孤立构造。不过，它们的体量要比高原小得多。美国西南部有很多平顶山。

孤丘

　　孤丘的英文单词"butte"源自一个法语词，意思是"一座小山丘"或"升起的土地"。孤丘的高度大于宽度。它们有着平整的顶面和陡峭的侧坡，看上去像一座石塔。由于有这样的外观，它们又被称为"堡垒山"。

　　孤丘是平顶山或高原受到侵蚀后形成的。强风或持续不断的水流令岩石的表面变得脆弱。质地偏软的岩石遭到侵蚀，露出下面的冠岩。冠岩更耐侵蚀，保护了下方的岩层，缓慢成形的孤丘因此得以保持和原来的高原或平顶山相同的高度。

> **有趣的事实**
> 美国西南部的早期殖民者认为如果牛群能在上面吃草，这个构造就应被叫做"平顶山"。否则，它就应被叫做"孤丘"。

盖层的侵蚀

台地或高原盖层周围较软的岩石会受到侵蚀并形成向上逐渐变细的尖状结构。尽管盖层坚固耐用，但只要有足够的时间，它就会饱受侵蚀，并开始风化。盖层风化的碎片通常落在靠近山头的地方。这些碎片有时被称为"碎石"或"滑石"。

▲ 自然构造的风化碎屑

适宜平顶山和孤丘形成的气候

平顶山和孤丘通常形成于气候干旱的贫瘠地区。美国的西南地区正属于这种气候，那里有很多高原、平顶山和孤丘。

气候干旱地区的另一大特点是，没有太多覆盖土地的植被。质地偏软的上层岩石直接接触强风和水流，易受侵蚀过程的影响。

火星上的"人脸"

20 世纪 70 年代，美国国家航空航天局启动了探索火星自然地貌的"海盗号"航天任务。他们首先发射了海盗 1 号火星探测器。这架航天器环绕火星飞行，为海盗 2 号探测器寻找合适的着陆点。它在环绕火星飞行时拍摄了火星地表的照片。其中一张照片展示的地貌看上去像一张人脸。这张照片被公布之后，人们纷纷猜测火星上是否有生命，以及火星生命是否采用了某种科技来制造这张面孔。美国国家航空航天局发布声明称这只是太阳光造成的视觉效果令这处地貌看上去像一张脸。这一事件引发了很多争论。大约 20 年后，于 2001 年升空的火星环球勘测者号再度拍摄到一张"火星人脸"的照片。它清楚地表明所谓的"人脸"只是一座受到侵蚀的平顶山，并发现在火星上的邻近区域里，有很多平顶山和孤丘。

高原、平顶山和孤丘的不同之处

孤丘比高原和平顶山都小，呈尖塔状。平顶山的体量比高原小，但比孤丘大。

孤丘最高可达 30 多米，呈尖塔状或者顶部平整的细柱形。相对于孤丘来说，平顶山的顶部表面更大、更平，而且体量也更宽大（占地面积约 1 平方千米）。许多平顶山有溪流在其中流动。

高原的形成机制是构造板块的碰撞或侵蚀，而平顶山和孤丘则是由于风或水的侵蚀作用而形成的。高原是这三种地貌中面积最大的一种。美国科罗拉多高原占地约为 337 000 平方千米。

▲ 高原

▲ 平顶山

▲ 孤丘

平原

　　平原是地球上最常见的地貌类型之一。它整体上比较平坦，间歇性地分布着一些较缓和的隆起。地球陆地近四分之一的面积是平坦的平原地貌。如同高原一样，地球上的各个大洲都有平原分布，它的海拔低于高原、山脉等地貌。

　　世界各地位于不同气候带的平原有着大不相同的植被和土壤。有的平原为繁茂的森林所覆盖，有的平原长有低矮的灌木或野草。降水和植被都非常稀少的沙漠也是平原中的一种，但世界上绝大多数的平原是草原。

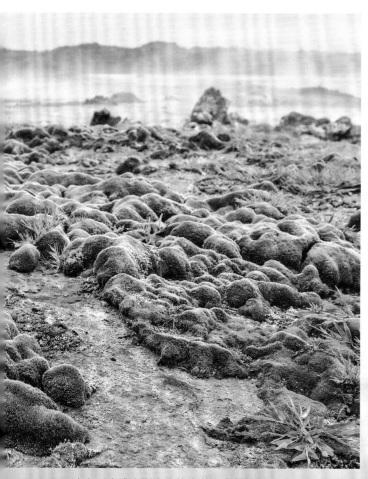

▲ 冰岛雷克雅内斯半岛熔岩荒野上的植被

熔岩平原

　　平原地貌有多种形成机制。有时，火山活动可以导致平原的形成。从地面涌出的熔岩在地表流动，覆盖100~1 000平方千米的区域。这些熔岩在地表均匀地铺开，硬化后便形成了坚实平整的平原。

　　熔岩平原由玄武岩中的矿物物质构成，它们是玄武岩在侵蚀和风化过程中缓慢分解出的小颗粒。这个过程往往会耗时数百万年。由于玄武岩的缘故，熔岩平原具有极好辨认的深色调。

平原出现在什么地方？

平原是地球上最常见的地貌之一，大多分布在海底、海岸、大洋沿岸以及大河两岸。平原大小不一，有的绵延数百千米，有的则只有数千米长。平原的大小往往取决于它所处的位置和周边地貌。

侵蚀平原

有些河流沿着山谷流淌。随着时间的推移，这些山谷的一部分被侵蚀成宽阔平坦的土地。这就是平原存在于山脉或高原之间的原因。这种平原被称为"侵蚀平原"。山谷中携带的沉积物和颗粒有时沉积在海洋中。这些沉积物堆积到一定的高度就会露出海平面，从而形成了我们所说的"沿海平原"。

有趣的事实

位于北美洲的大平原是世界上较大的平原之一，面积为150多万平方千米。

构造平原、侵蚀平原和冲积平原

平原的形成大体可以分为三大类：构造平原、侵蚀平原和冲积平原。

构造平原是指由于构造运动，使地层抬升露出水面，或地层陷落地势降低而形成的平原。而侵蚀平原、冲积平原的主要形成机制则分别是侵蚀作用和物质沉积。实际上，平原一般形成于偶发和从不发生构造活动的区域。

侵蚀平原是指当地壳处于长期稳定的情况下，崎岖不平的山地，在温度变化、风雨、冰雪和流水等外力剥蚀作用下，逐渐崩解破碎成碎粒，并被流水搬运，慢慢夷平成低矮平缓的平原，特点是地面起伏较大。

冲积平原是由河流沉积作用形成的平原地貌，特点是地面平坦，面积广大，多分布在大江大河的中下游地区。河流的下游水流没有上游水流那般湍急，水流从上游侵蚀的大量泥沙到了下游后因流速难以继续携带，结果这些泥沙便沉积在下游。

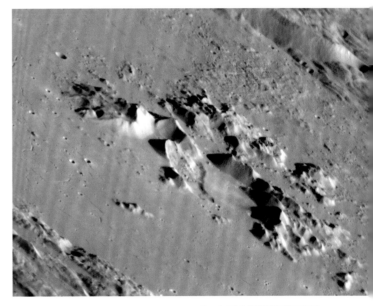

▲ 水星上的跨陨坑平原

岩质行星上的平原

平原是所有岩质行星的主要自然特征之一。其他类型的地貌或缓慢演变或受到侵蚀而变成平原。和地球一样，水星表面也有很多平原。水星的平原是通过一种名为"再表面化"的过程形成的，在这个过程中，凹凸不平的岩石地形变得平整，成为一片平滑的土地。

水星表面逐渐升高的温度导致它的外壳渐渐失去韧性。由此产生的后果是，高山下沉且变矮，而陨击坑向上升起。在长达数百万年的时间里，气温和地貌的变化在水星上创造出了许多平原。熔岩的均匀沉积和硬化，再加上侵蚀和风化过程，也有助于平原的形成。

由河流搬运而成的平原

有时，自山地或高原的山谷中流过的河将水中的泥沙沉积下来。河水在流动中凭借它的冲力拓宽了山谷的底部。这些因素都会导致平原的形成。由河流的搬运作用形成的平原主要有三种：河漫滩、冲积平原和海滨平原。

河漫滩

融化的积雪或暴雨会使得一些河流因水量剧增而泛滥。漫出河道的洪水将泥沙淤积在两边的河岸和地面上，而不像通常的情况将其带往下游。数千年之后，沉积的泥沙逐渐累积，形成了平原。我们将以这种方式形成的平原称为"河漫滩"。蒙古鄂嫩河两岸的平原就是典型的河漫滩。

▲ 英国怀特岛上的一片河漫滩

海滨平原

把海洋、山脉或高原分开的平坦土地叫做"海滨平原"。这些海滨平原可能是由流向海洋的河流带来的沉积物形成的。大西洋沿岸平原是世界上最大的海滨平原之一。

▲ 冰岛境内一片由冰川沉积物形成的平原

▲ 冲积平原

冲积平原

当河流从山谷流到平坦的地形时，河流携带的泥沙会沉积于河岸和周围的地形上。这些沉积物以水平方式沉积在陆地上，随着时间的推移，形成了冲积平原。新西兰怀马卡里里河形成的平原就是一个典型的冲积平原。

冰成平原

如果说冲积平原或河漫滩的形成是由于河流的运动，那么冰在寒冷地区的运动则是冰成平原的成因。陆地上的冰川以缓慢的速度移动，对它们途经之地持续地产生侵蚀作用。在沿途中，冰川沉积了大量的碎石、沙子、淤泥、黏土和泥灰等杂质。冰川的融化也会造成这些物质的沉积。日积月累，这些沉积下来的杂质就形成了冰成平原。冰成平原又被称为"外冲平原"。人类采集沉积泥灰并将其制作成水泥和肥料。美国坎卡基外冲平原就是一个典型的冰成平原。

城市和文明

作为平整、稳定的大块土地，目前为止，平原在所有地貌中最适宜人类居住。不同土地性质的平原影响着人类的生活方式。我们的食物构成、交通方式乃至对定居点的选择，全都受到平原及其特征的影响。

农业上的优势

在所有地貌中，平原的土壤最为肥沃和多产。平整的地表便于人类修建灌溉工程。根据当地的气候和可用的水资源，人类可以在平原上栽培多种作物。因此，平原又被称为"世界的粮仓"。

▲ 在平原上开辟的农田

产业和交通

许多产业在平原地区得以蓬勃发展，其中最成功的是农业。凭借多种产业的协同发展，人们能够过上富足的生活。在所有地貌中，平原供养的人口最多，既为我们提供了食物，也提供了我们需要的工作岗位。

在平原上建造铁路、公路，规划各种交通路线，以及修建机场、火车站等枢纽建筑也相对更为容易。

城市和城镇

随着交通和产业的蓬勃发展，越来越多的人选择在平原上生活。为了更加便捷的沟通以及产业的集聚发展，城镇和城市等大型聚居点应运而生。发达国家的绝大多数人口生活在平原上。重要的港口、贸易中心、经济部门、教育机构等也都集中在人口密集的平原。相对于地质结构不稳定且地形多变的山地以及易受火山活动影响的高原，人们更容易在平原上建起城市或城镇。

众多古文明和现代文明都建立于河流两岸的平原之上。人类历史上的早期文明，如印度河流域文明和美索不达米亚文明，都是在靠近水源且地势平缓的平原上建立的。因此，平原又被称为"文明的摇篮"。

◀ 现代城市文明

大自然严酷的一面

地球表面的气候差异显著。在同一时间点，地球上的某处可能酷热难耐，而另一处却十分寒冷。赤道地区的天气最炎热，因为那里接受了最多的阳光直射。两极的天气最寒冷，因为那里只能接受极少量的阳光直射。沙漠是地球上最炎热的地区之一，而极地地区是最寒冷的地区。

▲ 沙漠地区的气温在日落后逐渐降低

炎热的沙漠

人们在提到沙漠时，立刻会想到"炎热""贫瘠""沙子"这样的字眼。沙漠地区的降水很少。大多数沙漠的年降水量约为 250 毫米。在白天，沙漠的气温可高达 50℃。很多沙漠在夜晚十分寒冷，在冬天则近于酷寒。沙漠环境可以说非常严酷，但仍然可以居住，人类在沙漠中生活已有数千年的历史。

极地地区

极地地区是指地球的两极，即南极和北极。北极地区：以北冰洋为中心，周围濒临亚洲、欧洲、北美洲三大洲。南极地区：以南极洲为中心，周围濒临太平洋、大西洋、印度洋三大洋。

北极圈内有数百万居民。然而，在地球的另一端，南极洲大约 98% 的陆地常年被冰雪覆盖，是地球上最冷的地方，环境条件非常艰苦。因此，南极地区是不适宜人类居住的，这里没有常住人口。凛冽的寒风掠过这片大地，我们如果不穿好防护性服装（如厚毛衣和保暖内衣）的话，几乎无法在南极生存哪怕一分钟。在这里，冬季似乎会一直持续下去。在绝大多数日子里，气温会在零度之下。

我们会误以为南极是一片不毛之地，举目望去只有无穷无尽的冰雪。然而，我们其实在南极可以见到许多动植物。在这里，我们可以看到为数不多的几种生长在岩石表面的苔藓和地衣。有的生物物种还生活在水面之下。经过亿万年的进化，这些生命显然已经适应了南极地区没有尽头的严冬。

▼ 在浮冰上伫留的北极熊

雪的分布

比较冬季冰雪的覆盖面积，北半球要大于南半球。有些地区的冰雪可能过一段时间就会融化，有些地区的冰雪也可能一直停留在地球表面（停留的时间或许与我们这个不断变化的地球的存在时间一样久）。

雪的形态

大气中的降水如果在气温足够低时落到地表，它就会转化为降雪。空气中的水蒸气凝成冰晶，然后这些冰晶和其他冰晶相互交织，形成雪花。它们还可以演化出很多簇形状不一的雪花。

如果地面温度低于0℃，冰晶和雪花会积累起来，形成一层白色积雪。它们以冰冻的海洋、湖泊、河流，冰原，积雪，浮冰，冰川以及覆盖冰冻陆地的冰盖等多种形式分布在地球表面。

▲ 阿根廷的佩里托·莫雷诺冰川是世界第三大冰川

什么地方会下雪？

赤道地区会下雪，但只在海拔极高的山区下雪。赤道附近常年积雪的高山，海拔大约在4 800米以上。就海拔高度接近零的地方来说，降雪只发生在北纬35°以北和南纬35°以南。北半球和南半球两端靠近极地的地方降雪最多。

俄罗斯、格陵兰岛、欧洲大陆和北美洲的年降雪量相对较高。南极洲主要在冬季经历降雪。同样在冬季，南美洲和新西兰的部分地区有降雪。

湿球温度

湿球温度计可以测量接近地面的空气温度。用湿纱布包裹住普通温度计的感温部分，纱布下端浸在水中，以维持感温部位空气湿度的饱和状态，在纱布周围保持一定的空气流通。示数达到稳定后，此时温度计显示的读数近似湿球温度。

▼ 据说每一片雪花的图案都是不同的

冰川

冰川是雪的产物。雪在同一个地方积累一段时间之后，就会硬化并变成坚硬厚实的冰。如此形成的冰川很重，有时体积也会庞大无比。由于自重巨大，在重力的作用下，冰川开始在陆地上移动。位于山谷之中的冰川向下滑动，而平地上的冰川则有可能向任意方向移动。

不断减少的冰川

尽管地球表面大约11%的陆地被冰川覆盖，或被冰永久覆盖，但它们主要集中在北极和南极。大约2万年前，地球有近30%的表面为冰川所覆盖。根据地质方面的证据判断，当时包括几乎加拿大全境和北美洲大部分地区都覆盖着冰川物质。冰川面积的变化大概是将近18000年前发生的冰川作用的结果。

冰川作用

冰川作用，广义上泛指冰川的生成、运动和后退；狭义上仅指冰川运动对地壳表面的改变作用，包括冰川的侵蚀、搬运和堆积。冰川运动的前端叫冰前。当供冰量大于消融量时，冰川向前（沿坡向下）运动，反之，冰川向后（沿坡向上）运动。

▲ 正在融化的冰川

冰冻圈

与生物圈和生态系统一样，冰冻圈也是组成地球这个大系统的重要部分，它包括了部分冰冻状态的水体以及温度一直保持在冰点（0℃）之下的地区。冰川是冰冻圈中相当重要的一种构成。

地球正在慢慢失去它的地表冰川 ▶

浮冰

冰山是冰川的产物，通过"崩解"的过程形成。它是指从冰川或极地冰盖临海一端破裂并落入海中漂浮的大块淡水冰，通常多见于北美洲的格陵兰岛周围。

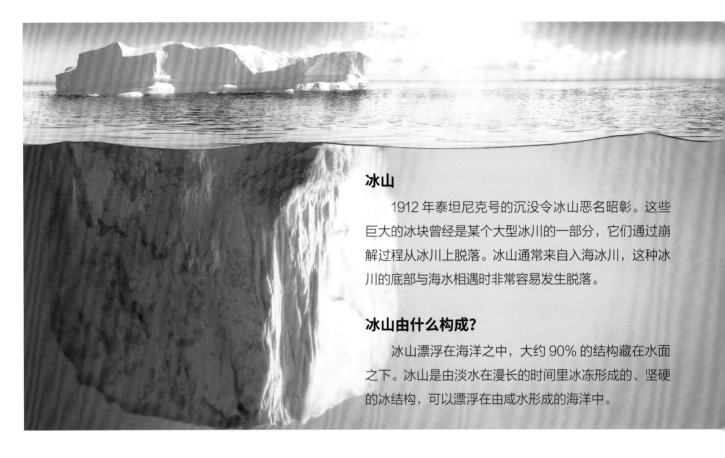

冰山

1912 年泰坦尼克号的沉没令冰山恶名昭彰。这些巨大的冰块曾经是某个大型冰川的一部分，它们通过崩解过程从冰川上脱落。冰山通常来自入海冰川，这种冰川的底部与海水相遇时非常容易发生脱落。

冰山由什么构成？

冰山漂浮在海洋之中，大约 90% 的结构藏在水面之下。冰山是由淡水在漫长的时间里冰冻形成的、坚硬的冰结构，可以漂浮在由咸水形成的海洋中。

冰山的类型

冰山有各种尺寸。长度为 1~5 米的冰山被称为"小冰山"（bergy bit）。比冰山屑小的冰山叫做"小漂冰"（growler）。有的冰山则比西西里岛（面积 25 700 平方千米）还大。一座冰山只有大约 12% 的体积露出水面。长度不超过 2 米的一组冰山被称为"碎冰"（brash ice）。从冰架上脱落形成的冰山被称为"平顶冰山"（tabular berg），这是因为它有一个平整的顶部表面。

冰山的源头

根据一座冰山的移动方向，我们很容易追溯它的源头。北半球的冰山基本上来自于格陵兰的冰川。它们从那里开始向南移动，漂向北大西洋。

从主冰山上脱落的小漂冰和冰山屑 ▶

冰川的分类

　　冰川地貌受侵蚀、风化、沉积和移动等冰川作用的影响。冰川的分类方式有很多种，根据冰川的形态特性，分为大陆冰川和山岳冰川两大类。

　　形成于高山两侧的冰川被称为"山岳冰川"，山岳冰川发育在雪线以上的常年积雪区，沿山坡或槽谷呈线状向下游缓慢流动。山岳冰川有多种不同的类型：

- **山麓冰川：**

  山麓冰川往往由多条山谷冰川向山麓做扇形伸展，相互连接而成。它是介于山岳冰川和大陆冰川之间的一种类型。

- **入海冰川：**

  如果山麓冰川继续移动并一直进入海水中，它就可以被称为"入海冰川"。

- **冰斗冰川：**

  如果山谷顶端的积雪滑入山谷洼地（呈半圆形）并在那里形成坚硬的冰川冰，这样形成的冰川就叫做"冰斗冰川"。这类冰川多分布在雪线附近，主要靠冰斗后壁的雪崩和冰崩补给。

- **山谷冰川：**

  山谷冰川是在谷地中呈带状分布的冰川，也是规模最大的一种山岳冰川。山谷冰川长达数千米至数万米以上，冰川厚度多为数百米。以雪线为界，山谷冰川具有明显的堆积区（粒雪盆）和消融区（冰舌）。

- **冰帽：**

  当一座山脉的山谷全部被冰川覆盖时，我们就称这种逐渐将整座山脉覆盖起来的冰川为"冰帽"。

冰川的结构

　　随着雪的堆积和硬化而形成所谓的"粒雪"。这些颗粒状物质缓慢地压实结晶，形成冰川冰。粒雪形成于降雪堆积而成的冰川顶部，即"堆积区"。缓慢融化或损失而形成冰山的区域则是"消融区"，它位于冰川的底部。介于这两个区域之间的部分被称为"平衡线"。

大陆冰川

大陆冰川又称"冰被""大陆冰盖"，表面大致平缓，中部略厚，呈盾形，规模比山岳冰川大，主要分布于南极大陆和格陵兰岛。较小的大陆冰盖常被称作"冰帽"或"冰原"。地球上有两大冰盖，即南极冰盖和格陵兰冰盖，它们占世界冰川总体积的 99%，其中南极冰盖占 90%。格陵兰岛约 83% 的面积为冰川覆盖。

▼ 南极洲的一座冰山

冰雪中的野生动物

极地地区（北极和南极）的野生动物要面对地球上最严酷的气候。然而，有许多动物物种能够自在地在这些地区生活。

北美驯鹿 ▶

北极的动物

作为驯鹿的一种，北美驯鹿是北极最有人气也最常见的动物。除了它之外，这里还有其他驯鹿物种、麝牛和环颈旅鼠（一种啮齿动物）。雁和野鸭等迁徙鸟类也会飞往北极栖息和捕食。北极狐、鼬鼠和棕熊是北极的食肉动物。海豹以海为家，而北极熊则以捕食海豹为生。除了海豹之外，海洋里还有弓头鲸、海象、独角鲸以及各种水生微生物。

对于北极的大多数大型陆生动物而言，它们夏天生活在北极，以草为食，到了冬天，便向南方迁徙，以当地的草和树木上的地衣为食。

极地动物的适应性

鱼类和其他水生动物已经充分适应了极地的各种天气。鲸和海豹等大型水生动物有一层厚厚的皮下脂肪，这可以帮助它们保暖。企鹅是可以生活在陆地和水中的"两栖"动物，它们皮下也有一层保暖的脂肪。

极地的哺乳动物和鸟类是温血动物，但在极地相对较冷的季节里仍要靠迁徙或冬眠才能生存下去。北极熊和其他大型动物有着一层厚厚的皮毛，借以抵御寒冬。

▲ 一对帝企鹅

南极的动物

南极洲虽然是一个大陆，但也很像一座被海洋包围的岛。我们在南极大陆的周边海域可以看到多种多样的海洋生物。这些海域拥有丰富的浮游生物，足以供养其他海洋生物繁衍生息。鱼类和磷虾在南极周边海域的数量极其众多，它们是贼鸥和企鹅等鸟类的食物。这里还生活着一些海洋哺乳动物，例如鲸和海豹。实际上，有8个种类的鲸生活在南极。

▼ 在海中游泳觅食的北极熊

黄沙之地

　　沙漠地区的年降水量一般在250毫米以下。沙漠有多种类型，亚热带沙漠和温带沙漠是其中的两种，前者气候炎热，后者气候寒冷。地球陆地表面的大约五分之一被沙漠覆盖。

沙漠的分布

　　沙漠形成于降水非常少的地区。大部分沙漠分布在北纬30°和南纬30°（副热带高压带）附近，远离热带气候。来自赤道的暖空气向该地区移动，其中的水蒸汽在高温下蒸发，因此抵达副热带高压带的空气凉爽、干燥，雨云中缺少水分，沙漠很容易就会形成。

沙漠的形成原因

● 雨影效应

　　位于山脉附近的沙漠的形成机制是"雨影效应"。湿气团在迎风坡产生降水后，由于水汽饱和度下降，在背风坡出现的干绝热增温，以及山地自身对地形降水云的阻滞效应，会使背风坡空气变得干燥。由于降水极少或几乎没有降水，这些区域就变成了沙漠。澳大利亚的许多沙漠就是由雨影效应形成的。

● 副热带高压

　　常年受副热带高压带控制的地区（不受信风影响或受其影响极小的地区），气流下沉，干旱少雨，形成热带沙漠气候。

● 寒流

　　我们通常对沙漠的印象是，那里的气候非常热。然而某些沙漠，如南美洲智利的阿塔卡马沙漠（Atacama Desert）和非洲的卡拉哈里沙漠（Kalahari Desert），实际上是由于海洋冷气流赶走了来自海滨地区的雨云而形成的。

● 远离海洋

　　戈壁沙漠（Gobi Desert）主要的形成原因是距离海洋太过遥远。从太平洋吹来的冷气流在抵达该地区时，所含的水分早已丧失殆尽。来自印度洋的雨云也在穿越喜马拉雅山脉时耗尽了它的水分。于是，位于亚洲内陆深处的戈壁沙漠就这样形成了。

风向　湿润　雨影　干燥　太平洋　美国内华达山脉

▲ 美国内华达山脉的雨影效应示意图

沙漠的分类

　　沙漠地貌可以根据它的形成原因或者干旱和贫瘠的程度来进行分类。一般可以将沙漠分为如下几类：

> **有趣的事实**
> 撒哈拉沙漠是世界上最大的非极地沙漠。这里上午的气温就能升高到50℃。

信风沙漠

　　信风，是从副热带高压带散发出来向赤道低压区辐合的风。来自陆地的信风越吹越热。很干的信风吹散云层，使得更多的阳光晒热大地。世界上最大的沙漠撒哈拉大沙漠主要形成原因就是干热的信风的作用。由于古代西方商人经常借助信风在海上航行，因此信风又称"贸易风"。

中纬度沙漠

　　中纬度沙漠又称温带沙漠，位于纬度30°～50°的地区。北美洲西南部的索诺拉沙漠和中国的腾格里沙漠都是典型的中纬度沙漠。

▼ 卡拉哈里沙漠的日落

▲ 死谷是阿塔卡马沙漠地势最低、最干燥的地方

雨影沙漠

　　雨影沙漠是在高山边上的沙漠。因为山太高，造成雨影效应，在山的背风坡一侧形成沙漠，如以色列和巴勒斯坦的朱迪亚沙漠。

极地荒漠

　　北极圈和南极圈内的沙漠看上去和其他类型的沙漠截然不同。它们就是所谓的"寒漠"。和温暖地区的沙漠一样，寒漠的降水或降雨也非常少。尽管这里的天气永远十分寒冷，但这类沙漠的气候极为干燥。因此，它们又被称为"极地荒漠"。整个南极大陆就是一片极地荒漠。

▲ 冰岛极地荒漠

沿海沙漠

　　沿海沙漠一般位于北回归线和南回归线附近的大陆西岸，因寒流流经，温度与湿度下降，冬天起很大的雾，遮住太阳。沿海沙漠形成的原因有：陆地影响、海洋影响和天气系统影响。南美洲的沿海沙漠阿塔卡马沙漠，是世上最干的沙漠，经常5~20年才会下一次雨量超过1毫米的雨。非洲的纳米布沙漠有很多新月形沙丘，经常刮大风。

撒哈拉沙漠

撒哈拉沙漠又被称为"大沙漠"，它东西横跨4 800千米，南北纵贯1 800千米，总面积超过900万平方千米。它坐落在非洲大陆北部，几乎占据了整个北非。
"撒哈拉"（Sahara）一词来自阿拉伯语，意思是"沙漠"。当地人用这个词描述这片炎热、贫瘠的土地。这片沙漠的西边毗邻大西洋，东边毗邻红海，北边是地中海和阿特拉斯山脉。

▼ 撒哈拉沙漠中的一片绿洲

▲ 位于摩洛哥的阿特拉斯山脉

沙漠的气候

沙漠的降雨非常少。大多数沙漠的年平均降雨天数只有 20 天。有些沙漠几十年都不下一次雨。智利的科乔内斯沙漠（Cochones Desert）在1919—1964 年没有下过一次雨。因此，人们称沙漠为"干旱之地"。

▲ 沙漠植物

降雨

　　沙漠降水少的原因有以下几种：首先，由于焚风效应（空气做绝热下沉运动时，因温度升高、湿度降低而形成一种干热风）等原因，大气向沙漠地区输送的水汽少；其次，大气环流在沙漠地区盛行下沉气流，不利于云雨形成；再次，蒸发速率过高也是影响因素之一，也就是说，雨水甚至在落到地面之前就被蒸发了。撒哈拉沙漠和阿塔卡马沙漠腹地的年降水量只有 15 毫米。世界各地沙漠的平均年降雨量是 280 毫米。

▲ 无边的沙漠

绿洲

你听说过绿洲吗？这是沙漠中的另外一种水源。当地下水以泉水的形式来到地表时，有时它会创造出一片绿色的土地，这块土地被称为"绿洲"。撒哈拉沙漠拥有大约90座绿洲。沙漠地区的大部分人类定居点和动植物栖息地都以这些绿洲为中心。

亚热带沙漠气候

与热带沙漠气候的共同点：少雨、少云、日照强、气温高、蒸发旺盛。与热带沙漠气候的不同点：凉季气温较低，年较差比热带沙漠气候大。原因在于盛夏时气温与热带沙漠气候相似，但凉季时因纬度较高获得太阳辐射少，且有极地大陆气团侵入。

沿海沙漠的气候

沿海沙漠的夏天温暖而漫长，平均气温为13℃~24℃。夏季过后，凉爽宜人的冬季尾随而来，气温会下降至5℃。

纳米布沙漠位于非洲西南部的大西洋沿岸干燥区，是世界上最古老、最干燥的沙漠之一。沿海沙漠的气温在日、夜或冬、夏变换时也很少有变化。罕见的降雨通常以短暂的暴风雨的方式倾泻而下。

极地荒漠的气候

极地荒漠的气候十分寒冷，与其他类型的沙漠气候截然不同。在大多数地方，降水以雪而非雨水的形式落到地面。

有趣的事实

你知道沙漠会捉弄人吗？有时人们会看到远方有个大湖，但当他们走近时，大湖就消失了。实际上，这个大湖并不存在，而是一种被称为"海市蜃楼"的视错觉。

▲ 一片完全被冰雪覆盖的极地荒漠

▲ 沙漠中的绿洲

▲ 亚热带干旱的沙漠

水的来源

沙漠的降雨很少，然而它却是居住在这里的动植物和人类的一大水源。沙漠里的居民会小心地将雨水收集、储存起来。来自地下蓄水层（靠近地表的一层岩石或土壤）的地下水是人类的另一大水源。地下水是蓄积的降雨或降雪，可在地下保持数百年之久。

用水的代价

在一些沙漠里，人类找到有地下水的区域或蓄水层，然后钻孔取水。他们用这些水来沐浴、饮用、灌溉农业和满足其他目的。然而，如果人们用水的速度超过了自然补给的速度，他们很快就将面临缺水的窘境。

土壤类型

除了极地荒漠之外，每一种沙漠都有呈颗粒状、岩石质地的粗糙土壤。它们无法吸收很多水，也不会遭受多少化学风化。在拥有很多沙子的沙漠，机械风化或风蚀很常见。质量较轻的细小沙子被吹到别的地方，而较重的碎石和颗粒则沉降在土壤上。有些沙漠含有盐分。极地荒漠中的土壤也含盐，但是比重更大的是含有泥沙的成分。某些土壤呈海绵状并析出盐分。

沙漠中的动植物

沙漠中的植物

　　沙漠植物已经适应了该地区严酷的极端天气和多沙多岩石的粗糙土壤。由于水分稀少，沙漠植物的叶子和茎都很短。这些植物能将吸收到的水分储存相当长的一段时间。它们长长的根系在地表之下扎得很深，四处寻找水源。由于沙漠中食物稀少，这些植物长出了尖锐的刺，降低自身对食草动物的吸引力。

　　仙人掌是最常见的一类沙漠植物。鱼钩仙人掌是一种拥有又长又尖的针状刺、形状像鱼钩的仙人掌。刺猬仙人掌是另一个品种，它也有尖锐的刺，但这些刺比鱼钩仙人掌的刺小得多。佩奥特仙人掌也是一种生长在沙漠的植物。

▲ 鱼钩仙人掌

▲ 正在觅食的沙漠郊狼

爬行动物

　　希拉毒蜥（也译作吉拉毒蜥）是美国最大型的蜥蜴，因其位于希拉河盆地而得名，主要就分布在美国西部和南部各州（包括亚利桑那州、加利福尼亚州、内华达州、犹他州和新墨西哥州），以莫哈韦沙漠和索诺拉沙漠为中心，最南至墨西哥南部索诺拉州。鬣鳞蜥也是一种常见的沙漠动物，体长达 1.6 米，最长可逾 2 米，其中尾巴占总长的三分之二，在地面或树上生活，主食昆虫，兼食植物。棘蜥是一种很特别的沙漠蜥蜴，身体上纵向排列着尖刺，最大的刺长在它的头上，它通过这种方式来抵御捕食者。

沙漠中的动物

　　沙漠动物与其他环境中的动物存在相当大的差异。澳洲的沙漠动物尤其以多样性和奇异性闻名。大多数沙漠盛产各种爬行动物，如各种蜥蜴。实际上，与其他地理环境相比，沙漠拥有物种数量最多的爬行动物。

　　袋鼠、袋狸和沙袋鼠等体形较大的有袋动物是沙漠地貌中多样性最高的物种类型。骆驼被称为"沙漠之舟"，它被驯化之后，成为人类在沙漠中旅行的运输工具，因为沙漠的某些地区并不适合汽车行驶。郊狼和胡狼是沙漠中的捕食者。

沙漠中的人类

虽然天气变化无常、气候严苛、降水稀少、水源短缺，而且易受野生动物威胁，但世界各地的沙漠地区仍然居住着近3亿人。

游牧者

对于世界各地的沙漠居民来说，他们面临的最大挑战是找到足够的水和食物。一个人没有食物，也许能够支撑一个星期，但是只要几天不摄入水分，身体机能就会出现严重的问题。绝大多数的沙漠聚居地会在地下蓄水层附近临时性地驻扎，一旦水源供应不足，人们就开始寻找下一个居住地。

沙漠居民从不独自行动，他们总是成群结队，赶着牛羊一起迁移。牲畜和人一样需要喝水才能生存。人们在迁移途中要寻找小的水源来解渴，因为他们可能要旅行数周之后才找得到合适的居住地点。

宏伟的乐土

沙漠并不是只有游牧部族和游牧者。人们在一些沙漠地区建起了功能完善的城市，例如阿联酋的迪拜和美国的拉斯维加斯。这些城市是沙漠中心的乐土，它们跻身于世界上生活节奏最快、经济最发达的城市之列，完全改变了人们对沙漠生活的印象。

▼ 在塔尔沙漠的沙丘中牵着骆驼的印度赶驼人

部落生活

沙漠部族成员，如游牧者，要不断地迁移，为他们的牲畜寻找食物和牧场。他们在一个定居地会驻留一段时间。这些人有着相似的服饰和行为，遵循许多特有的传统和习俗。许多非洲部落要求男孩从牛背上翻跃过去，以此作为成年的证明。部族成员互相协助，各自承担不同的任务，以维持在沙漠中的生存。撒哈拉沙漠的图图族部落就以这种互助的生活方式为其传统。图图族妇女承担的任务是从市场上购买盐和椰枣，她们骑着骆驼来往于市场和部落之间，每次赶集要花上几周的时间！

寻找配偶

和我们一样，沙漠中的部族成员也要寻找合适的配偶结婚。在这一方面，不同的部族有不同的传统。尼日尔的沃达贝部落要在雨季来临的时候为妇女举办男子选美比赛。在这里，男人们会使出浑身解数打动他们喜欢的女人，请求她和自己结婚。

沙漠的特有地貌

沙漠有其特有的地貌，移动的沙丘是沙漠中最常见且最令人着迷的地貌之一。

沙丘

简单地说，一座沙丘就是一大堆沙子。强风将沙子从一个地方吹走，这些沙子在另一个地方重新累积起来，如此就形成了沙丘。沙丘是一种易于变化的构造，一阵强风过后，它的尺寸就会有所增加或减小。沙丘也可以形成于沙滩上，但体量要小得多。实际上，"真正的沙漠之丘"的尺寸与沙滩和荒地上的沙丘是有所区别的。

▲ 美国大沙丘国家保护区的沙丘

干荒盆地

干荒盆地（playa）是沙漠中非常罕见的一种现象。当降水以雨水的形式落在地面上并聚集在低洼处，没有立刻蒸发掉也没有进入地下时，干荒盆地就形成了。这些降水形成一个时令性湖泊，随后逐渐蒸发或被土地吸收。随着水分的蒸发，水中的粉沙、黏土以及蒸发后形成的盐会留在地面上。天气干燥时，地面非常硬，而天气较湿润时，它就会变软而有一定弹性。

降水完全蒸发后留下的洼地被称为"干荒盆地"。如果水分未完全蒸发，形成的水体就被称为"干盐湖"。位于美国犹他州的大盐湖和位于以色列的死海都属于永久性干盐湖。

沙丘的构造

沙丘有所谓的"迎风坡"。在风力的搬运下，沙粒以跳跃及滚动的方式，爬上稍为倾斜的迎风坡面。沙丘还有一个与迎风坡相对的滑动面。滑动面，即受掩护的背风坡，比较陡峭，沙子在翻过迎风坡面之后便沉积在这里。沙丘的高度取决于风的强度和沙粒大小。如果沙的补给连续不断，沙丘便可能由于沙子无休止地沿迎风坡向上移动并滑过沙丘脊而向前推进。

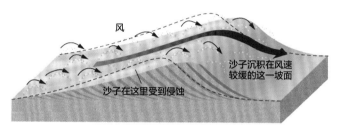

风

沙子沉积在风速较缓的这一坡面

沙子在这里受到侵蚀

▲ 沙丘结构示意图

最高的沙丘

巴丹吉林沙漠是中国第三大沙漠，总面积4.92万平方千米。沙漠海拔1 200～1 700米，沙峰相对高度在300～500米，是世界上相对高度最高的沙漠，被誉为"世界沙漠珠峰"。

▲ 美国犹他州大盐湖

大自然的一抹绿色

在土壤的滋养下，各类植物繁茂生长。渐渐地，它们为地球带来了一抹绿色。

草原是地球上主要的植被类型之一。这类生态系统的形成，是因为土壤层薄或降水量少，导致木本植物无法广泛生长。草原为家畜、野生动物提供了生存场所。

被称为"地球之肺"的森林，对于我们同样十分重要。森林是许多动物和植物物种的栖息地，物种多样性极为丰富。它净化着周边的空气，制造着我们呼吸所需的氧气，同时也为我们提供木材。不过，随着人类文明的发展，世界森林占地面积已经明显减少，生态系统遭到了一定程度的破坏。这不禁引人深思，人类对森林的无限索取终将带来无法挽回的灾难。

大自然的绿色地毯

　　草原是地球生态系统的一种，分为热带草原、温带草原等多种类型，是地球上分布最广的植被类型。草原的形成原因是土壤层薄或降水量少，草本植物受影响小，但木本植物无法广泛生长。

适宜草原形成的气候

　　草原不像沙漠那样干旱贫瘠，但降水量往往不及森林地区。草原地区的气候相对干旱，降水不规律且降水量较少。草原每年的降水量为 200 ~1 000 毫米。

　　草原主要位于温带和热带。由于降水量较少，唯一能够在这里大量生长的植被就是草，气候条件不允许更高的植物或灌木大片生长。草原通常位于森林和沙漠之间，被认为是两者的过渡地带。

温带草原

　　在温带草原上，灌木和乔木完全不见踪影。因为温带地区年降水量相对较少，所以无法生长出高耸的乔木。草是温带草原最主要的植被，阿根廷草原、（非洲南部的）费尔德群落和（东欧至西伯利亚的）干草原都属于温带草原。

　　温带草原的土壤颜色较深，土层较厚。由于草根扎得很深且有许多须根，它的上层土壤较肥沃并富含营养。温带草原的夏季炎热，气温最高可达 38℃，冬季寒冷，气温可降低至 -40℃。

▲ 位于美国得克萨斯州堪萨斯的一片风景如画的草原

▲ 温带草原一景

有趣的事实

即使被人类割断或者被动物吃掉，草原上的植物仍然可以继续生长，这是因为这些植物的分生区十分靠近土壤或深埋在土壤之中。

热带草原

热带草原主要位于非洲中部、南美巴西大部、澳大利亚大陆北部和东部地区。由于它们主要分布在非洲，所以也被称为"（非洲）稀树草原"。热带草原发育于年降雨量为 500~1 270 毫米的地区。然而，这些地区的降雨在一年中持续 6~8 个月，其余几个月将出现干旱。

人造草原

据信，很久以前，人们烧毁了在某些干旱地区生长的森林和植被，创造了这些人工草地。地球上的大部分草原都被认为是人造的或是通过人工手段来维持的。

▲ 非洲热带草原

▲ 北美草原上明媚的秋天

变化的外观

根据气候的不同，各种草本植物在外观上会有一些不同。在冬季和秋季等较干燥的季节，草的颜色枯暗，看上去毫无生命力。到了春天，温带草原和热带草原上的其他草本植物竞相开花，但周围的禾草仍然呈现为黯淡的棕黄色。直至雨季到来，各种草本植物才重新披上绿装，显得生机勃勃，十分繁茂。

草原在全球各地的名称

草原在全球各地有不同的名字。在北美，草原被称为"prairie"（北美草原、普雷里群落）。南美洲的草原叫做"pampas"（阿根廷草原、潘帕斯群落）。非洲南部的草原叫做"veldt"（费尔德群落），非洲中部的草原叫做"savannah"（稀树草原）。在欧洲中部的匈牙利，草原被称为"puszta"（普施塔群落）。在俄罗斯等亚欧中央地区的国家，草原被称为"steppes"（干草原）。而在澳大利亚，草原又称"downs"（丘陵草地）。

热带草原上的植被

　　草原据说起源于始新世。始新世指的是始于大约 5 600 万年前，止于大约 3 390 万年前的一段时期，它是第三纪的第二个世。据称最早出现的人类（出现在非洲）就居住在热带草原上。

土壤和其他植被

　　热带草原的土壤只能提供很少的营养和肥力。由于气候炎热干燥，土壤中的有机质迅速腐烂，因而养分集中于土壤表层。土壤中富含铁元素，因此颜色是红的。

　　在热带草原上，乔木和灌木稀少并且非常分散，只有极少的地方有乔木遮蔽，保护附近的草免遭火灾、干旱或动物的侵扰。而且乔木只生长在土壤深厚肥沃的地方。落叶乔木是这里最常见的乔木。在热带草原上，某些特定的区域可以发现有灌木覆盖。

气候变化

气候的变化导致了草原的形成，将近 5 000 万年前，草最早出现在热带草原上。在此之前，气候经历了缓慢的变化，例如该地区的降雨量有所下降。气候环境逐渐变得少雨，植被也发生了演变。热带草原开始在非洲、澳大利亚、亚洲南部和美洲的热带地区发展起来。

热带草原的主要植被

　　热带草原的主要植被是生长在这里的各种多年生草本植物。柠檬草、星星草、百慕大草和盖氏虎尾草是覆盖该地区的主要草种。

　　非禾本科的其他草本植物长在草旁，它们的叶子又小又宽。在热带草原上，不同种类的草争夺着生存空间。通常，只有一种或两种主要的草覆盖着大片的土地。例如，塞伦盖蒂平原的草原主要生长着盖氏虎尾草。

▲ 盖氏虎尾草

温带草原上的植被

草、花和土壤

和热带草原一样，温带草原的植被也以多年生禾本科和非禾本科草本植物为主。草的主要种类有野牛草、针茅草、格兰马草、黑麦草、狐尾草等。花的主要种类是向日葵、野生靛蓝、紫菀、三叶草和蛇鞭菊。

草的根系有许多须根，深深扎入土壤中。上层土壤富含营养，极为肥沃。由于草本植物的根系固着在土壤深处，因此它们不致因火灾和食草动物啃食而覆灭。灌木和其他小型植物没有这种保护机制，往往很快就会消亡。

▼ 紫色的紫菀

▲ 美国麦德文国家野生草原保护区中的北美高草草原

高还是矮

草原上草的高度取决于降水量和草原获得的水资源。例如，北美草原每年的降水量是 250~750 毫米，因此那里的草可以长到大约 2 米高。西伯利亚干草原的草较矮，因为当地的年降水量只有 250~500 毫米。

北美草原也可分为北美矮草草原和北美高草草原。年降水量低于 400 毫米的草原是北美矮草草原，而年降水量高于 400 毫米的草原则是北美高草草原。

有趣的事实

温带草原在历史上经常遭受人类活动或雷电引起的严重火灾。大火在几分钟之内就可以扩散到 200 米之外。

帕姆佩罗风

位于阿根廷布宜诺斯艾利斯的温带草原所经历的周期性风暴称为"帕姆佩罗风"（pamperos）。它们是由来自草原南部的冷风与来自北部热带气候的暖空气相遇形成的。这些风暴会带来猛烈的大风和大雨。

▲ 蛇鞭菊

草原上的动物

草原上生活着很多动物。温带草原上的动物种类不如热带草原那样丰富。草原上的大多数动物是食草动物，它们以草和其他植物为食。草原上也有一些食肉动物和杂食性动物。

热带草原的动物

热带草原上生活着很多食草动物，例如兔子、大象、长颈鹿、野马和斑马。在潮湿多雨的雨季，它们的生活十分惬意。

但是，它们的生存也会面临危机。在旱季发生的火灾会将鸟类、哺乳动物和昆虫赶出它们的家园。昆虫在火灾中死去，而较大的哺乳动物和鸟类则逃往安全的地方。在地下挖洞的小动物（例如兔子）会躲到洞中，直到安全时再出来。它们在旱季还要面对水资源短缺的威胁，地表的水被土壤吸收，哺乳动物、昆虫和鸟类对水的竞争非常激烈。这时，大部分鸟类和一些大型陆地动物会迁移到其他地方。

温带草原的动物

狐狸、隼、羚羊、大象、长颈鹿、野牛和郊狼是温带草原上常见的动物，它们与地松鼠、獾、草原犬鼠和囊地鼠等体重较小的动物，以及多种鸟类和昆虫一起生活在这片土地上。

北美草原上曾经栖居着数以百万计的野牛。在19世纪前后，欧洲人移民北美后为了获取食物和毛皮以及打猎取乐大肆捕杀它们，如今只剩下非常少的野牛。今天可以见到的北美野牛通常属于人类出于商业目的而饲养的。

草原的保护

草原植被在反复的干扰（如火灾或放牧）下茁壮成长。地表的死亡有机物被清除，为新生植物的生长留出位置。如果这种物质在地表停留太久，就会阻止营养物质到达植物的根和芽。因此，人与动物的互动有助于草原的生态维持和循环利用。

▲ 北美草原上的野牛

人类活动对草原的影响

草原的气候条件和土地非常适宜于农业生产。草原有肥沃的厚土，可以为各种类型的作物提供营养。正因如此，地球上大部分天然草原已被改造成农场和耕地。如今我们更常见到的是商业作物，而非天然草种。草原上的哺乳动物、鸟类和昆虫也被迫迁移。牛羊的过度放牧会缓慢破坏草原的土壤和天然植被。

绿色栖息地

森林是以木本植物为主体的生物群落，是聚集的乔木与其他植物、动物、微生物和土壤之间相互依存相互制约，并与环境相互影响，从而形成的一个生态系统的总体。森林在地球上存在的时间已超过了 4 亿年。世界各地混杂地分布着历史悠久的森林和新近形成的森林。在森林中，树木挤挤挨挨地聚集在一起。森林只出现在有规律性降水的地区，因为如果没有稳定的降水，高大茂密的树木就无法在那里生长。

森林的历史

森林是从约 4.2 亿年前开始形成的。在这段时间，古植物物种（如今已灭绝）缓慢地形成、发展，逐渐覆盖了大片陆地。在接下来的数百万年里，这些植物适应了环境的诸多变化。这些史前森林中生长着大量苔藓和灌木，蕨类植物一度可以长到 13 米高。

直到大约 1.4 亿年前，开花的木本植物才首次出现在地球上。它们不断进化，并且影响了在森林里生活的哺乳动物、昆虫和鸟类等动物的进化方向。

▲ 森林的土壤为苔藓、灌木和乔木所覆盖

森林的分层

人们通常将森林从上到下分为以下几层：

● **乔木层**：乔木层位于森林的最上层，是由乔木树冠所构成的一层。

● **灌木层**：这一层有被乔木层所遮盖的各种灌木。它们需要少量的阳光和充足的遮荫。

● **草本层**：这一层以草本植物为主。森林及灌木林的这一层内生长着草本的阴生植物，如求米草、尖叶苔、蟹草、舞鹤草等。

● **地衣层**：这一层分布着藻类和真菌共生的复合体。

更新世冰期

在这一时期之前，地球上的森林全都是热带森林。随着气候的变化，温带森林得以演化成形，接下来出现的是寒带针叶林。目前，地球陆地表面近三分之一的面积为森林所覆盖。地球上 70% 的碳元素（现存的生物体内的碳）存在于森林之中。

热带雨林

我们可以从不同的角度将森林分类。一般来说，我们根据它们所处的气候带和其中生长的树木类型对森林进行分类。依据森林所处的气候带可以将森林分成热带森林和温带森林，而依据其中的树种可以分成针叶林森林和阔叶林森林。所谓"雨林"（rainforest），是指雨量甚多的生物区系。雨林根据其所处的位置不同又可分为热带雨林和温带雨林。

地理位置与自然资源

热带雨林一般生长在靠近赤道的热带（介于北纬23.5°与南纬23.5°之间）。热带雨林是地球上最古老的生态系统之一。尽管它只占地球陆地面积的6%，但全世界接近一半的物种都生活在这里。

▲ 热带雨林中生长的一种蘑菇

土壤

由于气候全年炎热潮湿，死亡有机物在雨林土壤中以很快的速度被分解，真菌和树木的根系因此能迅速吸收分解过程释放的养分，但土壤的肥力也就此损失掉了。

持续的高降雨量让土壤在一年大部分时间里是潮湿涝渍的。高降雨量带走了土壤中的养分，因此某些地区的土壤肥力极低。由于当地气候炎热，岩石和土壤的化学、物理风化的速度也更快。

气候

热带雨林气候炎热潮湿。它的主要特征之一是没有冬季，而只有旱季和雨季两个季节。白天持续12个小时，接下来是12个小时的黑夜。平均气温很高，维持在20~25℃，而且很少有太大变化。在一年中最炎热或最寒冷的日子里，气温可能上升或降低5℃左右。热带雨林的年降雨量在2 000毫米之上。

热带雨林的分层

根据接受到的阳光多寡以及距离地面的远近可将热带雨林分为5层：露生层、树冠层、幼树层、灌木层和地面层。

> **有趣的事实**
>
> 人们通常把热带雨林看成"自灌溉"森林。由于炽热的太阳直射，被植物吸收的水分随后还会被释放到空气当中对自己进行再次浇灌。

第一层是接受阳光最多的露生层，它主要由露出树冠的乔木构成，常绿森林中的树木最高可生长到60米以上。它们的树干强壮结实，直径有时可达5米。树冠层的高度主要在21~30米，其中树冠横向生长，形成连续的一层，吸收了雨林中70%的阳光和80%的雨水。幼树层距离地面11~20米，其中的植物，依靠中间少量的阳光生长。灌木层距离地面6~10米，主要由蕨、丛木、灌木组成。地面层主要由苔藓和地衣组成，那里几乎黑暗一片，只有在河边和林地的边缘，才会较茂盛。

树冠层中的生物

树冠层比露生层更加茂密，提供更多遮蔽。由于这里有大量食物和庇护所，大多数树栖动物（如蛇、树蛙和巨嘴鸟）都生活在这里。

▲ 树蛙和蛇是生活在树冠层的两种动物

> **人类造成的问题**
>
> 接近一半的热带雨林因人类活动的影响而毁灭。人类过去采伐和烧毁森林，以便为公路、农场或房屋等建设让出土地，这种方式对于热带森林而言是毁灭性的破坏。

灌木层中的生物

灌木层是由灌木树种和一些未长到乔木层高度的幼年乔木共同构成的覆盖层，位于乔木层之下。灌木层能够获得的阳光很少。这里的植物长着更大的枝条和叶片，向上伸展以获取阳光。亚洲豹、美洲豹和许多类型的树蛙都生活在这里。我们可以在这一层发现雨林中几乎90%的昆虫种群。

地面层中的生物

地面层十分黑暗，只有分解者（生态系统中将死亡有机体所含的物质转换为无机成分的异养菌类、原生动物和小型无脊椎动物）在这里活动。此外，还生活着一些哺乳动物，如食蚁兽等。

温带森林

温带森林位于温带地区。与热带不同的是，这里有明显的因季节变化导致的落叶现象。温带森林里同时生长着阔叶林和针叶林。根据气候和植被的不同，温带森林中的阔叶林分别又可以分为落叶阔叶林和常绿阔叶林。

▲ 一只主红雀

气候变化

温带森林的气温平均在 -30~30℃。在一天之中，气温有可能出现突然而迅速的变化。在冬季，气温下降得非常低。随着向极地靠近，温带森林的气温可能降低到零度以下。气温的变化会对植被造成极大的影响。

在冬季，温带森林的白昼很短，而夜晚很长。灌木和乔木的叶子受到寒冷低温的伤害，一些叶片会停止功能运转，光合作用过程也因此受到影响。

落叶树与常绿树

落叶树是指寒冷或干旱季节到来时，叶子同时枯死脱落的树种。常绿树是指每当新叶长出后，老叶才逐渐脱落，终年常绿的树种。

常绿树终年常绿，但不代表它不会掉叶子。它与落叶树不同点在于，落叶树在秋、冬季时会多数或全数落叶，而常绿树在四季都有落叶，同时它也在长新叶。

针叶树与阔叶树

针叶树是树叶细长如针的树，主要为乔木或灌木，部分为木质藤本植物。针叶树多为常绿树，到了冬天，叶子也不会掉光。受到大量降水和温和气候的滋养，针叶树长得很高。花旗松、红杉、柏木和雪松均为针叶树。

阔叶树是指叶子形状平展、宽阔的树，其叶形随树种不同而有多种形状。白杨、桃树、枫树都是阔叶树。

> **四季**
>
> 温带森林全年都有持续性的降水。根据季节不同，夏季是降雨，冬季则是降雪。温带落叶林的年降水量为 750~1 550 毫米。

▲ 落叶林里的树木在秋天落下大量叶子

森林中的植物和动物

　　会脱落叶子的落叶树是温带森林的主要植被，如槭树、桦树和栎树，这里也生长着冷杉和松树等常绿针叶树。地面上长有多种蕨类、野花和苔藓。啄木鸟、主红雀、鹰和其他动物能够适应温带森林中漫长寒冷的冬天和天气的骤然变化。

▲ 赤狐

▲ 冬季被冰雪覆盖的温带森林

▲ 雪松

温带落叶阔叶林

　　温带落叶阔叶林是指分布在北纬30°～50°的温带地区，以落叶乔木为主的森林。落叶树的叶片薄而脆弱，生命周期很短，无法挨过冬天。在生长季结束，即将进入秋天的时候，叶子就会凋落。到第二年春天，它们会再次长出新的叶子。

有趣的事实

温带森林中的日常天气是如此难以预料，以至于这里的人们有一句俗谚："如果你不喜欢现在的天气，不妨再等一分钟。"

温带常绿阔叶林

　　温带常绿阔叶林分布在南北纬35°～55°的大陆东部，如中国的长江流域、日本的南部和美国的东南部、澳大利亚的东南部、非洲东南部以及南美洲的东南部。

　　气候四季分明，平均温度在15℃以上，一般不超过22℃。冬季温暖，最冷月平均温度不低于0℃；夏季炎热潮湿，最热月平均温度为24～27℃。年降水量大于1000毫米，主要集中在夏季。

▲ 黄腹土拨鼠

温带森林面临的威胁

　　机动车和工业生产排放的有害气体进入大气，转化为酸雨，然后落入温带落叶森林。酸雨对叶片产生作用，削弱其抵抗力，并对它们造成毒害。经过长时间的酸雨作用，温带落叶森林里的树木结出的果实在逐渐减少。

　　与此同时，由于气候的变化，温带落叶林和常绿林都日益变得稀疏和脆弱。森林采伐、采矿、道路建设和其他不经管控的人类活动正在威胁这些森林的生存。如今，只剩下数量远远不及过去的一些温带森林分散在全球各地。

▲ 从空中鸟瞰遭到采伐的森林

寒带森林

寒带森林主要分布在寒带地区，包括亚欧大陆和北美大陆的北部边缘地区、格陵兰岛、北冰洋诸岛。寒带地区的气候也叫极地气候。

在大陆北部边缘地区，冬季漫长而寒冷，而夏季最热月平均温度也仅 10℃，苔藓、地衣是这里的典型植物，所以这里的气候被称为"苔原气候"。格陵兰岛、北冰洋诸岛和南极洲等地的绝大部分地区，终年在冰雪覆盖下，最热月平均温度不超过 0℃，因此此处的气候被称为"冰原气候"。全世界最大的寒带森林在俄罗斯境内，从东至西绵延约 5 800 千米。寒带森林也分布在加拿大、美国阿拉斯加和欧洲斯堪的纳维亚半岛等地。

植物

寒带主要有苔履植物和针叶林。苔履植物分布于北冰洋周围沿岸，在亚欧大陆北部和美洲北部占了很大的面积，形成了一个环绕北极的大致连续的地带。寒带地区主要生长着针叶林。针叶林是以针叶树为建群种（处于群落优势层中的优势种，即在群落中发挥作用最大的物种）所组成的各类森林的总称，包括常绿和落叶，耐寒、耐旱和喜温、喜湿等类型的针叶纯林和混交林，主要由云杉、冷杉、落叶松和松树等耐寒树种组成。

▲ 松树通常被用于制作圣诞树

毛茸茸的动物

这里生活着皮毛厚实的动物。这些动物包括驼鹿、驯鹿、狼、狼獾、灰熊、野兔和一些鹿科动物。

▼ 寒带森林的动物大部分是食肉动物，例如灰熊和狼獾

土壤

由于气温和土壤上层的温度都很低，死亡有机物的分解需要很长时间。与热带和温带森林的土壤相比，寒带森林的土壤比较薄，养分和肥力较低，而且是酸性的。

气候

寒带森林的冬天比夏天长，年降水量只有 400~1 000 毫米，以降雪的形式落至地面。寒带森林会经历持续的低温。与温带和热带森林相比，它从太阳获得的热量、能量和光照都相当少。

印度地区的热带森林

印度境内热带地区的热带森林被进一步划分为干燥热带森林和山地亚热带森林。根据构成树种的不同，干燥热带森林可进一步分类为阔叶林和常绿林。

阔叶林

阔叶林是指由阔叶树组成的树林，主要分布于热带，部分位于亚热带。它分为冬季落叶的落叶阔叶林和四季常绿的常绿阔叶林两类。

印度的阔叶林位于宁静谷（Silent Valley）、西高止山脉（Western Ghats）和喜马拉雅山脉东部地区。常绿树是这些地区的主要植被，但也有一些落叶树分散生长在那里。栎树、桦树、樱桃树、栗子树、竹子、兰花和各类攀援植物都生长在这里。

常绿林

这一类森林中生长着高大的树木，树叶干燥、有光泽，看上去一派生机。这些森林会经历漫长、干旱和炎热的生长季，以及接下来短暂、寒冷的冬季。石榴、夹竹桃和油橄榄是生长在这里的部分树种。

希瓦利克丘陵（Shivalik Hills）上长有大片的常绿阔叶林与松树林。松树林也分布在喜马拉雅山脉西部和中部以及曼尼普利丘陵（Manipuri Hills）。杜鹃和印度醋栗是这片区域的主要物种。

▲ 开花的竹子

▼ 石榴树

▲ 开花的杜鹃

印度地区的温带森林

根据气候和树种的不同，位于印度境内温带地区的山地森林可以分为潮湿森林、湿润森林和干燥森林。

▲ 尼尔吉里丘陵周围的森林

潮湿山地森林

潮湿山地森林位于印度南部，分布于南部的喀拉拉邦（Kerala）和尼尔吉里丘陵（Nilgiri Hills）一带。潮湿山地森林的年降雨量在 2 000 毫米左右，海拔一般在 1 800~3 000 米。

湿润山地森林和干燥山地森林

喜马拉雅山脉的东、西部都生长着湿润山地森林。然而，喜马拉雅山脉东部降雨更多，那里的森林因而更加浓密和茂盛，其中混杂生长着常绿树和落叶树。

干燥山地森林分布在基努尔（Kinnaur）、拉胡尔（Lahul）等地，以及毗邻喜马拉雅山脉的地区。干燥山地森林中生长着白蜡、槭树和栎树等落叶树木。如果我们攀登至更高处，还能看见白皮松和雪杉。

高山森林和亚高山森林

高山森林是位于山上的森林。喜马拉雅山脉是高山森林的主要分布地区。这里覆盖着又高又密的常绿树，以及杜鹃和桦树。地面层生长着成片的蕨类和苔藓。湿润高山森林有大量降雪，而干燥高山森林位于海拔 3 000~4 900 米的山上，长有刺柏、忍冬等低矮的植物（亦称"矮生植物"）。

亚高山森林生长在海拔较高的山坡上，但是位于林木线以下。印度的亚高山森林位于喜马拉雅山脉西部的部分地区，主要植物物种与高山森林类似。

两栖的红树林

红树林是世界上最重要，同时也是面临最严重威胁的森林类型之一。它们生长在雨林的边缘，即雨林与海洋相接的地带。一部分红树林生长在陆地上，另一部分则生长在水中。因此，它又被认为是"两栖植物"。

▲ 俯瞰红树林与开阔的海面

地理位置

红树林中的物种以红树物种为主，在红树林边缘还有一些草本植物和小灌木，比如马鞭草科的臭茉莉（苦郎树）、蕨类的金蕨、爵床科的老鼠簕、藜科的盐角草、禾本科的盐地鼠尾黍等。

红树林的分布虽受气候限制，但海流的作用使它的分布超出了热带海域。在北美大西洋沿岸，红树林最远可见于百慕大群岛，在亚洲则见于日本南部。这些地方都超过了北纬32°的界线。在南半球，红树林分布范围比北半球更远离赤道，可见于南纬42°的新西兰北部。

什么是"潮间带"？

潮间带是陆地和海洋相接的地带，河口、海湾、沙滩和多岩石的海岸线附近。涨潮和落潮都会经过潮间带。

气生根和主根

红树林中的树看上去像是在许多支柱的支撑下伫立于水中。这种现象是因为红树的根系露出了地面，这些根被称为"气生根"。气生根可以长得很粗大，生长在红树的四周。它们确保红树的树叶和树干伸出水面并位于吃水线之上。当然，红树也有自己的主根。

潮汐涨落可以造成红树在一定范围内的移动。由于潮汐带来的海水，红树会定期遭遇水淹。它们在根的帮助下掌控这样的环境。潮汐和根的分布决定着土壤中发生沉降并在地表形成污泥层的位置。气生根和主根共同过滤掉海水中的盐分，为植株提供恰到好处的营养。

▲ 红树的根

面临威胁的红树林

在这类森林里，我们可以看到大约80个红树物种。澳大利亚的红树林有着最为丰富的物种种类。红树林对于维持世界各地海洋生态来说非常重要，然而它们正面临着许多威胁。地球上的天然红树林如今只剩下50%。

改变地球的面貌

人类在砍伐树木和清理土地之后，便可以着手利用森林赋予我们的原材料和肥沃土壤。树木可以被用来制造各种商品。至于土地，我们或者在上面建造房屋，或者将其改造成农田，用来栽培作物。经过这样持续多年的开发，森林被不计后果地砍伐、清理。

农业

自从农业出现至今，地球上大约50%的森林已经被毁。农业是毁林活动最重要的因素之一。森林遭到砍伐，为农场和牧场让出空间。农民在这里种植作物，放牧牲畜。一些农民也会出于个人目的砍伐小片森林，然后在空地上种植为一家人提供食物和衣料的作物。"刀耕火种"成为农业活动的代名词。

▲ 有时，人们砍伐森林以便开辟茶树种植园

非法活动

曾经，人们仅仅因为要使自己的交通和对外联系变得便捷便去砍伐森林。他们砍伐挡道的森林，降低交通成本，修建可以通往偏远地区的道路。那里生长着更高大、更有经济价值的树木，这些树木又可以作为木材卖出很高的价格。现在这类活动受到政府的监控和管理，并且乱砍滥伐已经变为一种非法活动。

此外，毁林活动的开展往往以开发农地或利用木材为目的。一旦森林被伐光，人们就可以通过售卖获取的物资或空地来获利。

▲ 非法伐木在马达加斯加泛滥成风

如何停止毁林活动？

最简单的方案是停止砍伐森林。然而，由于我们需要从森林中获取原材料和农业用地，完全停止对森林的使用是不现实的。但是，我们可以将每年被砍伐的森林面积控制在大自然可自动修复的范围之内。我们必须审慎和巧妙地利用从森林获得的各种物资，这样才能减少对森林的砍伐。我们要认真考虑毁林活动的影响，对它加以限制，以免生态系统受到损害。通过种植新的树木，被砍伐掉的森林可以逐步得到恢复。

伐木

伐木是指砍伐森林以获取木材的行为。所获得的木材可以成为多种工业生产的原材料。我们可以用这些木材来造纸、建筑房屋、制作家具，也可以用它为各种制炭工厂提供燃料。

气候变化

毁林活动最深远的影响之一便是造成了地球上的气候变化。在过去的 50 年里，全球气温出现了不合理的升高。这是因为森林中的树木具有吸收使全球变暖的温室气体的能力，而森林的覆盖面积越来越少，地球上的树木也越来越少，这意味着将有更多的温室气体进入大气层，并导致全球变暖现象的出现。

烧荒

烧荒是指垦荒前烧掉荒地上的野草、灌木等，这是一种不环保的行为。虽然农民有时只想在一小片农田中进行烧荒，减少来年开垦土地种植庄稼作物时的麻烦，但在许多案例中，荒火容易失去控制，导致大片地区受害。荒火会破坏土壤下层。如果被引燃的树木在燃烧时倒伏下来，森林也将受到牵连。

无意识的毁林活动

毁林活动有时是小规模和偶然发生的。扼制森林更新的天然火灾和过度放牧也是造成毁林活动的多种因素之一。伐去森林的一小部分就意味着破坏了它的整个树冠层。更多强烈的阳光照射到地表，自然火灾因而变得更加频发。

有趣的事实

全世界的毁林活动有相当大的规模。据估计，全世界每年失去的森林覆盖面积相当于巴拿马的国土面积。

大自然的工厂

　　森林对于人类的生存非常重要。它们是使得地球适宜人类居住的诸项因素之一。森林里有大量的动物和植物，它们都生活在富含营养物质的土壤之上。有些森林中的树木已历经了千百年的光阴。

▲ 伐木

原材料

　　森林又被称为"大自然的工厂"。人类从森林中获取多种原材料，例如水果、树皮和木材。我们用这些原材料制作书籍、药品、房屋、家具、清洁用品和化妆品。地球上大部分富含营养的土壤是在森林里形成的。从这个意义上说，土壤也是一种原材料，它的最终产品是森林中的各种植物。

土壤

　　森林保证了土壤不被大自然的作用所侵蚀。为数众多的乔木和灌木的根系在风暴、大雨和强风中紧紧"抓住"土壤，将风化和侵蚀作用的影响降至最小。森林生态系统也可以生产使土壤变得肥沃的营养物质，并长期保持着这一特性。如果将地球上的森林全都清除掉，世界各地的土壤会以非常快的速度受到侵蚀。

商业价值

　　森林中的灌木和乔木不但可以提供原材料，还具有一定的观赏价值。许多植物可以被用作有机疗法和顺势疗法的药材。此外，结坚果的各类树木、婆罗双树、檀香木和乌木等都具有很高的商业价值。

▲ 在市场上出售的顺势疗法药品

水资源

　　森林中的树木在吸收了雨水或流动的河水之后，将其储存在叶子、根系和土壤中。在下大雨时，就连树干和树枝也能发挥一定的储水作用。这些水分被保存起来供日后使用。森林有助于控制河水流动的速度和方向。如果没有森林的储水功能，植物很可能会因缺水而死。在将雨水带回地面的"水循环"中，森林是其中相当重要的一环。

缤纷的水世界

　　海洋占地球表面积的 71%，蕴藏着地球全部水量的 97%。海洋中生活着丰富多彩的生命物种。海洋学是研究海洋的自然现象、性质及其变化规律，以及与开发利用海洋有关的知识体系。

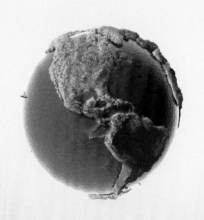

　　海洋学传统上分为四个分支：物理海洋学、化学海洋学、海洋地质学和海洋生态学。物理海洋学研究的是海水的物理性质，化学海洋学主要研究海水的成分，海洋地质学研究的是海底地质，包括海盆的构造和形成，而海洋生态学研究的是海洋中的动植物。

水循环

　　地球的地表水存在于大洋、近海、河流、湖泊和池塘之中。然而，水还以水蒸气的形式存在于空气中，地壳之下也有水。"水圈"是指由地球上，液态、气态和固态的水形成的一个几乎连续但不规则的圈层。水圈中的水上界可达大气对流层顶部，下界至深层地下水的下限，包括大气中的水汽、地表水、土壤水、地下水和生物体内的水。

　　地球被雪或冰覆盖的区域被称为"冰冻圈"，它是水圈的子集。冰冻圈的组成包括冰川（含冰盖和冰帽）、河冰、湖冰、积雪、冰架、冰山、海冰，以及多年冻土和季节冻土。大气圈内的雪花、冰晶、冰雹、霰等固态水也是冰冻圈的组成部分。冰冻圈在赤道附近海拔最高，向南北两极逐渐降低至海平面。

永不停歇的运动

　　水圈中的水处于一种不断运动的状态。水的循环有时以我们肉眼可见的现象进行，有时则表现得极为微妙，不易察觉。举例来说，我们可以看到海浪拍打海岸，但却不能看到随空气流动的水蒸气。

始终存在的水

　　水圈共含有 14 亿立方千米的水，它可以以各种形态存在。这些水处于不断的循环之中，但总的水量是不变的。世界各地的科学家大多认为，如今地球上的水和大约 2 亿年前的水一样多。在总量保持不变的同时，水的形态和运动方式却总是在变化。

水循环

　　水循环又称"水文循环"，是指地球上不同地方的水，通过吸收太阳的能量，改变状态移动到地球上另外一个地方的过程。例如地面的水分被太阳热量蒸发成为空气中的水蒸气。水循环将大气圈、岩石圈和水圈紧密联系在一起。地球上的水通过水循环过程进入或离开这些圈层。水循环包括蒸发、凝结和降水过程。

蒸发

　　在炉子上烧水，我们会看到有蒸汽从水面上升起，这实际上便是所谓的"蒸发"过程。在这个过程中，处于液态的水变成了气态。在阳光、风的运动和其他一些因素的影响下，地表的水缓慢地变成水蒸气。这些水蒸气成为大气的一部分。水蒸气，如同二氧化碳一样，是使地球升温的一种温室气体。

凝结作用

凝结与蒸发是正好相反的两个过程。在凝结过程中，水蒸气重新变成了水。地球表面因太阳辐射而温度升高时，地面的空气受热上升到高空中，但它最终会冷却下来，容纳水蒸气的能力会降低。多余的水蒸气将会聚集起来，在空中凝结成云和云滴（云滴是肉眼看不到的）。如果凝结过程发生在贴近地面的高度，它就会形成雾。

蒸散作用

"蒸散"是植被及地面整体向大气输送的水汽总通量，主要包括植被蒸腾、土壤水分蒸发及截留降水或露水的蒸发，作为能量平衡及水循环的重要组成部分，蒸散不仅影响植物的生长发育与产量，还影响大气环流，起到调节气候的作用。我们可以通过该过程来了解水循环的方向和运动方式。

有趣的事实

戴眼镜的人一定能注意到，当凑近盛有热牛奶的杯子或走进蒸汽浴室时，眼镜就会结一层雾。产生这个现象的原因即凝结作用。

水无处不在

云一旦形成，就在天空中缓慢移动。云中的水汽随着云一起移动，或者以降水的形式落回地面。人们通常认为晴朗无云的天空中不存在雨水，但事实并非如此。微小的水分子时时刻刻都存在于空气之中，只是还没有达到可以使这些水体变成降雨的条件。

降水

降水是指空气中的水汽冷凝并降落到地表的现象，它包括两部分：水平降水是指大气中水汽直接落在地面或地物表面及低空的凝结物，如霜、露、雾和雾凇；垂直降水是指由空中降落到地面上的水汽凝结物，如雨、雪、冰雹和雨夹雪等。

水的凝结 ▶

海洋中的水

　　如果你仔细观察一张自太空拍摄的地球照片，你会注意到地球的大部分地方都被蓝色的水体所覆盖，这就是地球上的海洋。或许你已经从书中读到过，许多古希腊学者认为海洋是包围或支撑大地的巨大水体。英文中的"海洋"（ocean）源自希腊语中的"keanos"，意思是"环绕大地的巨大水流"。地球表面被各大陆地分隔为彼此连通的广大水域被称为"海洋"，海洋的中心部分称作"洋"，边缘部分称作"海"，彼此沟通组成统一的水体。

分子结构

　　水分子由两个氢原子（H）和一个氧原子（O）构成，水的化学分子式是 H_2O。海水的绝大多数特性是由这一分子结构所决定的。氢原子带正电荷，而氧原子带负电荷，这意味着水分子的正负电荷是中和的。因此，水能抵御电场的作用，在接触到电场时仍能保持稳定。

▲ 水分子中氢原子和氧原子之间的化学键

有趣的事实

历史上一度有"七海""七大洋"的说法，不过地球上并不存在真正的海洋物理分界线，这些只是对海洋区域的人为划分。实际上，这些名词都是指地球上广阔而连续的海洋。

热量

　　氢键（一种特殊的分子间或分子内相互作用）让水分子之间产生强烈的吸引力。打破水分子中的氢键需要很多热量，因此水吸收热量的能力很强。实际上，水吸收热量的能力仅次于氨。由于这种性质，海洋可以储存大量来自太阳辐射的热量。之后，这些热量将以洋流的形式被运输到其他地区。

海洋的分区

海洋中的水称为"海水"。地球上的所有大陆都像是一座座被海洋包围的岛屿。为了便于研究，海洋学家将海洋划分为太平洋、大西洋、印度洋、南大洋和北冰洋。这种划分大多以陆地和海底地形线为界，而与海水的特性无关。

▼ 世界上的五大洋

盐度的分布

由于蒸发量大，红海是全世界最咸的水体之一。它的盐度最高可达 4.2%。相反，黑海的盐度较低，只有 1.8%~2.0%。

开放水域的盐度，如大西洋的海水盐度，一般为 3.0%~3.4%。在港口或海湾附近，海水盐度会降低到 1.5% 以下。在较接近海岸的地方，海水盐度会增加到 4.0%~4.5%。

▲ 大西洋的一处海岸

哪些因素影响盐度？

盐度由海洋中水及无机盐的占比决定。由于接受到太阳的辐射热量，淡水被蒸发到空气中，这个过程会将无机盐留下，导致海水盐度增加。因此，在蒸发量很大的地方，海水的盐度较高。另一方面，与降水极少的地方相比，降雨或降雪较多的海洋含有更多淡水，这意味着此处的海水盐度较低。除了蒸发量与降水量，海水的盐度还和淡水补给有关。

海洋热能

海洋热能指的是海水中蕴含的热能，包括海洋表面层吸收并储存的太阳辐射能、海洋热流（通过海底从地球逸出的热量）、海洋其他物质生成或由其他形式能量转换成的热能等。

海水中的无机盐

钠、镁、钙和氯是被释放到海水中的一些重要的无机盐成分。氯在海水所含无机盐中所占的比例约为 55%，而钠则占 30%。此外，海水中也含有少量的钾和硫。

盐度

盐度是指海水的含盐量。海水是咸的，尽管海水主要来自雨水和流动的江河等淡水水源。流动的江河携带有被侵蚀和风化下来的岩石颗粒，这是海水变咸的原因。

含有无机盐的岩石颗粒因侵蚀和风化过程出现脱落。随着时间的推移，这些无机盐混入江河中流入海洋并溶解在其中。那些来自降水或降雨的化合物也会在海水中溶解。

▼ 加勒比海地区的一个盐水湖

海水的运动

海水处于不断的运动状态之中，洋流是海水运动的表现形式之一。
洋流是指海水在多种力量作用下产生的沿一定途径的大规模流动。

▲ 不断拍打海岸的海浪

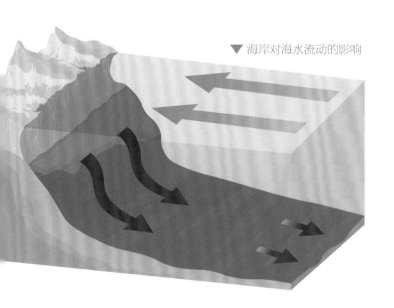

▼ 海岸对海水流动的影响

洋流的成因

洋流可以推动海洋表面的水。这是我们能够看到的。然而我们看不到的是，洋流还可以推动海平面之下300米深的水！被洋流推动的海水有可能前后水平移动，也可以上下垂直移动。洋流有时是由在洋壳发生的地震或火山喷发所引起的。

洋流实际上是一个互相连通的循环系统。在海洋表面吹拂的强风可以推动洋流。海水的温度受太阳的影响，由于海水表面不同空间受到的太阳照射强度不同而形成的海水温差也可以引发洋流。海水密度或者盐度的差异也可以导致洋流的形成。洋流还受到地球自转和月球引力的影响。

洋流的类型

按照深度，洋流可分为表层洋流和深层洋流。表层洋流影响了地球上10%的海水，它只出现在海平面至海平面以下400米的范围内。深层洋流影响着地球上其余90%的海水，它更多地受到月球引力和海水密度差异的影响。

按照形成原因，洋流可分为风海流、密度流和补偿流。风海流是在风力驱动下形成的；密度流是指在海水密度作用下形成的洋流；补偿流由海水挤压或分散引起，当某一海域的海水减少时，相邻海域的海水便来补充。

按冷暖性质分类可以将洋流分为寒流和暖流两种。暖流是指水温显著高于流经海域的洋流。寒流是指自身水温显著低于流经海域的洋流。

洋流的作用

洋流和风的气流一样，负责将热量传递到世界的各个地方。洋流将赤道附近区域的热量传送到极地，因此洋流是决定沿海地区天气和气候的重要因素之一。总体来说，暖流增加温度和湿度，寒流降低温度和湿度。气流和洋流不但共同发生作用，也相互影响。

寒暖流交汇的海域，海水受到扰动，可以将下层营养盐类带到表层，这有利于鱼类大量繁殖，为鱼类提供食物；两种洋流还可以形成"水障"，阻碍鱼类活动，使得鱼群集中，这些地方往往会形成较大的渔场。

升降流

上升流是从海面以下沿直线上升的洋流，是由表层流场产生水平辐散所造成的。风吹走表层水，由下面的水上升来补充。上升的海水温度要低得多，而且含有大量利于海洋动物生长的营养物质。因此，海域沿岸的渔业比其他海域更发达。

因表层流场的水平辐合，海水从海面沿直线下降，这种洋流被称为"下降流"。上升流和下降流合称为"升降流"。

▲ 海岸附近海水上升流的示意图

影响洋流的力量

全球海洋表层的大气运动是作用于洋流最主要的力，这也是全球洋流运动方向大格局的形成原因。除此之外，海陆分布的地理差异会导致洋流的运动方向发生偏转，并且在地转偏向力的作用下进一步改变洋流的运动方向。海水密度也是影响洋流运动方向的机制之一，因为海水一般从高密度区域流向低密度区域。

有趣的事实

地球不同地区的自转速度不一，极地处的自转速度比赤道处的慢，因为赤道处的周长更长。气流和洋流的方向受到这种影响，原本的直线方向就会有所偏转，这种影响又被称为"科里奥利效应"（Coriolis Effect）。

洋流的速度单位

洋流的速度以"节"（单位符号为 kn）、"千米 / 时"为单位，1 节 = 1.852 千米 / 时。

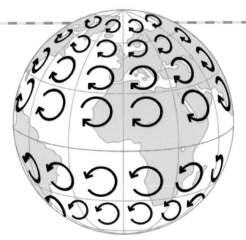

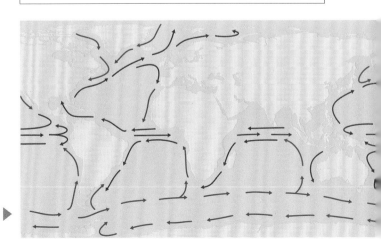

主要的表层
洋流示意图 ▶

翻涌的海浪

我们常常看到海水拍打沙滩。富含气泡的、上涌的海水被称为"海浪"。世界各地的人们都非常喜欢基于海浪运动而开发的各种海上休闲活动。

▲ 海浪为冲浪等海上休闲活动提供了平台

什么是海浪？

洋流和海浪有着紧密的关联。洋流可以持续很长时间，将海水输送到全球各地，也可以比较短暂。海浪是向前移动的海水，也是以振荡方式移动的水波。风吹在海面上，海浪就应时而生。人们能够看到、听到、感受到海浪。

▲ 冲浪是冲浪者站在冲浪板上驾驭海浪之力的一种运动

海浪的结构和大小

海浪的最高点称为"波峰"，最低点称为"波谷"。波浪的大小可以通过它的高度（垂直方向）或长度（水平方向）来衡量。波峰和波谷之间的距离被认为是波浪的高度。海浪的高度一般为 0.3~30 米。所谓"波长"是指两个连续波峰之间的距离。

影响海浪的因素

海浪的大小或形成它的驱动力是不断变化的，风速以及海平面的摩擦力都是其影响因素。外部力量，例如一艘在水中行驶的游艇，就足以引起波浪，并影响它的大小、速度和力度。洋底受到扰动，例如海洋底部的火山喷发或地震，会产生极其巨大的海浪，我们通常称之为"海啸"。

波浪的频率

"波浪周期"衡量的不是波浪的大小，而是它的频率。波浪周期的测定方法是测量两个相邻波峰（或波谷）经过同一点所需的时间。

引力作用和潮汐

　　潮汐是发生在沿海地区的一种自然现象，是指海水在天体（主要是月球和太阳）引潮力作用下所产生的周期性运动。人类能够预测潮汐发生的时间和规模，在一些海滩上设立警示即将到来的涨潮或落潮的标识。

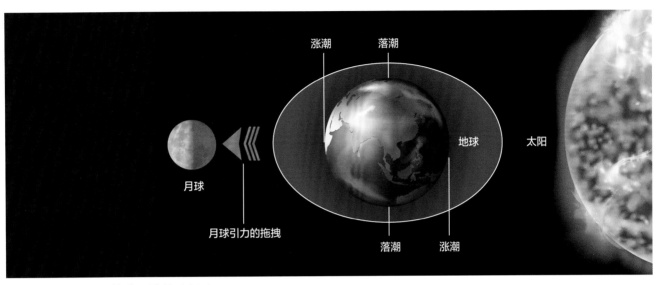

▲ 太阳和月球对海洋施加引力的示意图

是什么导致了潮汐？

　　潮汐是月球和太阳对地球上的海洋施加引力造成的。由于太阳与地球的距离极为遥远，月球引力对海洋的拖拽力更大。太阳和月球与地球的相对位置可以影响潮汐的特性。

小潮

　　小潮分为上弦小潮和下弦小潮。当地球、月球、太阳所处的位置形成直角时，太阳和月球对地球潮汐的影响部分相消，因此所产生的潮汐高度也较低。我们将这种潮汐称为"小潮"。

月球的位置

地球每 12 小时自转 180°，月球每 12 小时围绕地球公转 6°，这就是月球的引力让我们每天在地球上经历两次"潮汐"的原因。

大潮

　　伴随着太阳、地球和月球的运动，有时这三者会近似地连成一条直线，从而增强太阳和月亮对地球海洋的引力。引力的叠加会引起比平时更大的潮涨，我们将此时形成的潮汐称为"大潮"。

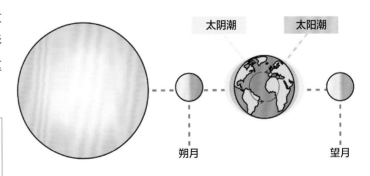

▲ 大潮示意图

凹凸不平的海底

海底是平的吗？不，它一点也不平。海底由洋壳构成，海底的总面积有近4亿平方千米。海洋的平均深度接近4 000米。和陆壳一样，洋壳上也有高耸崎岖的山脉。海底有活火山、休眠火山、洋中脊、高原、平原和沟壑。一些伸出海面之上的海底山脉实际上是高大的死火山。那些生活在海洋表层甚至深海的生物被称为"海洋生物"。

大陆架

大陆边缘被海水淹没的浅平海底，是大陆向海的自然延伸。这是海底最浅的区域，一般距离海平面180～200米。世界上的大部分大型渔场都位于大陆架。加拿大的纽芬兰大浅滩位于北美大陆架上。人类可以在大陆架相对容易地采集石油、天然气和多种矿物。阿拉伯海的孟买高地（Mumbai High）海上油田为印度供应汽油和天然气。

大陆坡

大陆架中断并以陡峭的坡度下降的海底部分被称为"大陆坡"。大陆坡介于大陆架和大洋底之间，其中大陆架是大陆的一部分，大洋底是真正的海底，因而大陆坡是联系海陆的桥梁，它一头连接着陆地的边缘，一头连接着海洋。大陆坡的表面极不平整，而且分布着许多巨大、深邃的海底峡谷。大陆坡虽然分布在深度为180～3 600米的深水，但是大陆坡地壳上层以花岗岩为主，通常归属于大陆型地壳，只有极少部分归属于过渡性地壳。

味道鲜美的鲑鱼主要分布在大西洋与太平洋、北冰洋交界水域 ▶

有趣的事实

马里亚纳海沟是已知最深的海沟，以至于珠穆朗玛峰被放进去都无法露出海平面！

深海平原

　　深海平原为大洋深处平缓的海床，是地球上最平坦和最少被开发的地段，通常位于 3 000 ~ 6 000 米的深处，在大陆架与洋中脊之间，延展数百千米宽。其起伏通常很小，每千米相差为 10 ~ 100 厘米。

洋中脊

　　洋中脊又名大洋中脊、洋脊或中央海岭，是指贯穿世界五大洋、成因相同、特征相似的海底山脉。它隆起于洋底中部，并贯穿整个世界大洋，为地球上最长、最宽的环球性山系。洋中脊是现代地壳最活跃的地带，经常发生火山活动、岩浆上升和地震，水平断裂（转换断层）广布。根据海底扩张和板块构造学说，洋中脊是洋底扩张的中心和新地壳产生的地带。热地幔物质（熔融岩浆）沿脊轴不断上升，凝固成新的洋壳，并不断向两侧扩张推移。洋中脊的脊部通常高出两侧洋盆底部 1 000 ~ 3 000 米，脊顶水深多为 2 000 ~ 3 000 米，少数山峰出露于海面形成岛屿，如冰岛、亚速尔群岛等。

深海沉积物

深海沉积物通常以浮游生物遗体为主，而极少来自陆地的物质。但是有时发育于大陆坡的浊流沉积可延入深海平原。深海沉积物主要包括了各种生物软泥，此外还有一些浊流沉积物、火山沉积物、褐黏土等非生源沉积物。

海沟

　　海沟是位于海底的又深又窄、坡度陡峭的沟槽。海沟通常深达数千米，大陆坡向下通向海沟。最深处达 11 034 米的马里亚纳海沟位于太平洋西部，是已知的世界大洋中最深的地方。海沟多分布在大洋边缘，而且与大陆边缘相对平行。对于海沟的定义，科学家有许多不同的观点。有人认为，水深超过 6 000 米的长条形洼地都可以叫做"海沟"。另一些人则认为真正的海沟应该与火山弧相伴而生。世界各大洋约有 30 条海沟，其中主要的有 17 条，位于太平洋的就有 14 条。

海底火山

　　地球上有大量的海底火山。有些是单独的火山，有些是绵延数千千米的火山链，还有一些是面积近似美国得克萨斯州的火山群。2009 年 5 月，斐济和汤加之间的太平洋海域出现了一次海底火山喷发。

▲ 埃及红海大陆架上的海洋生物

▲ 安达曼－尼科巴群岛中的哈夫洛克岛

海洋的分层和环境

地球在形成之后逐渐冷却。大气中的水分以降雨的形式落到地球表面，逐渐累积形成海洋。海水所含的氨、氢、甲烷和氧在被闪电击中时有可能会合成有机化合物。在亿万年之间，有机生命不断演化，形成了我们今天所知的丰富多样的海洋生境（海洋生物所生存的空间范围与环境条件的总和）。

海洋分层

海洋根据距离海平面的深度和能够接受到的光照水平可以分为光合作用带、中层带、深层带、深渊带、超深渊带。

● **光合作用带 (Epipelagic Zone)**：这一层位于大洋最表层的水域，即从海水表面到 200 米深处，它由此得名"上层带"。在这一层，阳光中大部分的可见光都可以照射进来，海洋表层的浮游植物就在这里生存，所以这一层也被称为"光合作用带"。

● **中层带 (Mesopelagic Zone)**：从 200 米一直延伸到 1 000 米深的一层叫做"中层带"，也被称为"暮色带"（twilight zone）或"中水带"（midwater zone）。这一层的光线已经相当昏暗，从这一层开始，我们能够看到产生冷光的生物发出的闪烁光线，也能见到许多相貌奇特的鱼类。

● **深层带 (Bathypelagic Zone)**：从 1 000 米延伸到 4 000 米深的这层被称为"深层带"。这里的光都是那些发光生物产生的。尽管这里的水压巨大，但大量生物在此生存，抹香鲸也可以潜到这个深度来寻找食物。由于缺少光线，这个深度中的生物多呈黑色或者红色。

● **深渊带 (Abyssopelagic Zone)**：继续向下，从 4 000 米延伸至 6 000 米深处，就是所谓的"深渊带"，英文中"Abyssopelagic"来自希腊语，意为"无底"，在古代的希腊人看来，大洋是没有底的。深渊带黑暗寒冷，水温可接近冰点。这里可怕的水压之下，也有生物存在，多为无脊椎动物，如蓝海星和小鱿鱼。

● **超深渊带 (Hadalpelagic Zone)**：深渊带以下的地方都称为"深海带"或"超深渊带"，这一层从 6 000 米深一直延伸到 10 000 多米深，一般只有在海沟和海底峡谷中才能找到这么深的地方。

海洋中的生态系统

海洋生态系统依水深的程度可分为沿岸区与远洋区。远洋区通常指远离岸边且深度超过 200 米的整个海域。远洋区又可以在垂直方向分为真光带（0 ~ 200 米）和无光带（200 米以下）。

生活在水中的有机体在世界海洋中分布不均，不同的区域栖息着不同种类的海洋生物。生活在某一生态系统中的有机体是由光的可利用性决定的。当我们深入海洋的时候，光照逐渐减弱。在海底，根本没有光，这部分是完全黑暗的。

▼ 海洋生境

海洋生物群

　　海洋生物群是根据生物生活的环境划分的，如浮游环境、底栖环境等。一些海洋生物可以出生在某一种环境里，长大后又转移到另一种环境中生活，反之亦然。

浮游环境

　　浮游环境在海洋中有相当大的占比，总体积可达13.7亿立方千米。浮游环境的范围取决于阳光照射深度、水温、盐度、水深以及营养物质和溶解氧的含量。它又被称为"湖沼带"（limnetic zone）。

底栖环境

　　底栖环境是指海洋底部栖息着底栖生物的区域。沿岸带（littoral zone）和亚沿岸带（sublittoral zone）都存在底栖环境。沿岸带也被称为"潮间带"（intertidal zone），是指位于最高潮位和最低潮位之间的海岸。

　　位于最低潮位之下的区域被称为"亚沿岸带"，深度为150~300米。深海底带（bathyal zone）、深渊底带（abyssal zone）和超深渊底带（hadal zone）也构成底栖环境的一部分。深邃的海沟位于超深渊底带，如马里亚纳海沟。

> **有趣的事实**
> 正如陆地动物一样，一些海洋生物也会迁徙。在夜晚，它们从无光带游至真光带觅食。而有一些动物选择终身留在无光带以节约能量。

海洋生境

　　根据生境的不同，海洋动物可被划分为浮游生物、自游生物和底栖生物。浮游生物和自游生物生活在浮游环境，而底栖生物生活在底栖环境。正如海洋有不同分区一样，海洋生物也有各自的生境。

大洋中的生命

　　大洋开始于大陆架的边缘，终止于海洋的最深处。大洋生境主要位于远洋区及其各个分区。海在洋的边缘，是大洋的附属部分。海的面积约占海洋的11%，海的水深比较浅，平均深度从几米到两三千米，临近大陆，受大陆、河流、气候和季节的影响。

浮游植物

　　浮游植物是一类在水中漂浮的植物，是单细胞微生物，可以进行光合作用。它们生活在富含养分的表层海水中，吸收海水中的二氧化碳，将氧气释放到水中。

　　它们还将原材料合成为会被更大的海洋生物吃掉的生物质。浮游植物活跃于光合作用带（上层带），这个区域又称"阳光带"，因为它能接受大量阳光的照射。

> **生物荧光**
>
> 某些海洋生物通过名为"生物荧光"的过程发光。这是通过生物体内部发生的化学反应实现的。这些海洋生物利用制造出的荧光吸引生活在海水上层的猎物。

光合作用带和人类的消费

　　你听说过一种名叫金枪鱼的鱼吗？它们生活在光合作用带。除了金枪鱼之外，剑鱼、鲯鳅、枪鱼、马林鱼、马鲛鱼、鲹鱼、飞鱼也生活在光合作用带。作为人类所知的最致命的海洋生物，鲨鱼会游到包括光合作用带在内的不同区域觅食。

　　由于这里有丰富多样的鱼类，该区域与海洋渔业关系密切。"海鲜"作为人类食用的一类美味佳肴，主要来自这一区域。人类每年消费大约 7 000 万吨来自全球光合作用带的鱼类。

▼ 海洋食物链

小鱼

底栖生物

浮游植物和浮游动物

浮游植物引起的忧虑

浮游植物是海洋生物首要的食物来源（以直接或间接的方式），就像陆地上的陆生植物一样。在秋季或春季，当阳光充足且温度适宜时，浮游植物就会大量繁殖。然而，随着海洋表面的水温逐年升高，水中浮游植物的数量却在减少。

自 1998 年以来，我们已经损失了总计 40% 的浮游植物。对于海洋生物的生存，这是个令人担忧的问题。小甲壳类、稚鱼和鱼卵是较大动物的食物。而微小的海洋生物则通常依靠食用浮游植物生存。

中层带的生物

中层带又被称为"暮光带"。一些生活在这里的生物，例如灯笼鱼，会在夜晚游至光合作用带觅食，白天再返回中层带。一些发出生物荧光的鱼类有可能选择前往光合作用带觅食，也可能选择留在中层带。

有趣的事实

雄性鮟鱇鱼比雌性鮟鱇鱼小得多。它在找到自己的配偶之后，就会附着在配偶身上，依靠对方获取营养并伴随对方行动。

无光带的鱼类

在非常深的深层带，因为生活在没有任何光线的区域，这里的鱼类大多没有眼睛。它们以从真光带掉落下来的食物为食，身体已经适应了没有日照而且水压很大的海域。深层带的鱼类大多数没有鳔，因此对浮力的控制较差。

海洋中的拾荒者

盲鳗是海洋中的拾荒者，形状像鳗鱼，生活在大洋深处靠近海床的地方。掉落到这个区域的死亡腐烂的海洋生物尸体是盲鳗的食物。它们将海洋动物的遗体吃得干干净净，什么都不留。盲鳗拥有发达的嗅觉，可以在海洋中闻到死尸的气味。

中层带鱼类的适应性进化

生活在中层带的鱼类已经适应了在光照稀缺的环境中生存。它们有非常大的眼睛，在低光照条件下也能得见。它们还有大且尖锐的牙齿，有利于捕食其他较小的鱼类。

捕食性鱼类

鲸等海洋哺乳动物

海中雨林

珊瑚是一类体型非常袖珍的无脊椎动物，属于刺胞动物门（Cnidaria）。刺胞动物门这个类别还包括其他多姿多彩的海洋动物，例如水母、海葵和水螅。

珊瑚无法移动，一生中的大部分时间固定在一个地方生活。它们以浮游动物和小鱼为食，身上长着向外伸展、用来抓握和捕捉猎物的触手。

有的珊瑚礁可以形成永久性的珊瑚岛，后者又被称为"海中雨林"，因为如同陆地上的雨林一样，珊瑚礁拥有丰富多样的植被和水生动物。全部海洋动物物种的大约四分之一要依赖珊瑚礁获取食物。然而，珊瑚礁的面积只占全球海洋总面积的不到1%。

▲ 珊瑚有变化多端的色彩、形态和尺寸

有趣的事实

蘑菇珊瑚中的珊瑚虫拥有最大的体型，体长超过12厘米。拥有较大珊瑚虫的珊瑚可以形成更大的珊瑚株，其大小大概相当于一辆小型汽车。

珊瑚虫

珊瑚礁是珊瑚形成的。珊瑚是聚居性动物，可以构成群落。所有珊瑚都有一种共同的结构，即水螅型结构，珊瑚的每一个单体被称为"珊瑚虫"。这种结构的特点是一端有开口，而且有许多条触手从开口处伸出。珊瑚就是用这些触手捕捉猎物的。每根触手的末端都长有一些蛰刺并伤害猎物的细胞，这些细胞叫做"刺细胞"。

▲ 伸展触手的珊瑚虫

虫黄藻

除了在珊瑚之间穿梭的小鱼，珊瑚还与虫黄藻（zooxanthellae）形成了共生关系，后者是一种单细胞藻类，生活在珊瑚喜欢的温暖浅水中。虫黄藻进行光合作用，并将光合作用产物与珊瑚交换。作为回报，它们会从珊瑚那里获得养分。虫黄藻让珊瑚能够更快地生长和繁殖，形成珊瑚礁。这些单细胞藻类也为珊瑚增添了新的色彩。

珊瑚的繁殖

珊瑚有负责消化和繁殖的器官，可以进行有性繁殖或无性繁殖。珊瑚的无性繁殖可以增加群落的大小，珊瑚的有性繁殖则可以形成新的群落，具有繁殖力强、遗传多样性高及不损伤母体珊瑚等优点。

▲ 虫黄藻体长只有几微米，大量存在于珊瑚之中

▲ 珊瑚的繁殖

珊瑚礁

珊瑚礁是由成千上万的珊瑚虫的骨骼在数以千年计的生长过程中形成的，是蠕虫、软体动物、甲壳动物等动物的生活栖息地。此外，珊瑚礁还是大洋带的鱼类的幼鱼生长地。

面临的威胁

珊瑚礁形成于温暖的水域。如果水温过低或过高，虫黄藻就会从它们所在的环境中消失，这将造成珊瑚的白化及死亡。以各种类型的珊瑚为食的棘冠海星对它的存在产生了另一种威胁。这些海星在适宜的环境中繁殖得很快，能够迅速吃光珊瑚礁中的珊瑚。生态丰富的珊瑚礁是美丽且迷人的，令人们忍不住深入其中，一探究竟。它不仅为所在的国家或地区的旅游业增加了亮点，还为生活在沿海的居民提供了美食。沿海渔业因珊瑚礁中物种丰富的海洋生物而受惠不浅。它为人们提供了旅游业、渔业和医药行业中的诸多工作机会。不幸的是，气候变化、全球变暖、过度捕捞和其他因素正在让珊瑚礁陷入险境，上述行业也将因此受到损失。

岸礁、堡礁、环礁

根据礁体与岸线的关系，珊瑚礁可被划分成岸礁（fringe reef）、堡礁（barrier reef）和环礁（atoll reef）。岸礁指紧密连着大陆或岛屿的珊瑚礁，在退潮时可看出岸礁非常像海岸向外延伸的一个平台。堡礁是离岸有一定距离的堤状礁体，它在大洋与大陆架的浅水之间形成了一个屏障。堡礁有可能是大陆下沉后由岸礁演化而成。环礁一般是由火山岛周围的岸礁演化而成的。岛屿因为风化逐渐被消磨，最后沉到水面以下，只剩下一个环绕着暗礁的环礁。

海和盐

　　人们把海和洋合在一起，称之为海洋，其实海和洋是有区别的。洋一般远离大陆，由半岛、岛屿、群岛同海隔开，水域面积非常广阔，水深超过 2 000 米。洋水的性质比较稳定，不受大陆影响。海是海洋靠近大陆的部分，内侧是大陆，外侧是大洋，中间以群岛、岛屿为界，水深在 2 000 米以内，面积比洋小得多。海的温度、盐度受大陆影响大，经常有明显的季节变化，盐度普遍比较低。

盐

　　海水中的溶解矿物质约占其总质量的 3.5%，它们被统称为盐类。海水中含有氯（Cl^-）、钙（Ca^{2+}）、镁（Mg^{2+}）、钾（K^+）、钠（Na^+）和硫（SO_4^{2-}）等离子。氯化纳和另外四种主要的盐类占到所有溶解物质的 99% 以上。

　　盐在全球海洋中的分布状况是不均匀的，这取决于蒸发和降水过程中自每一海域转移的水量。大部分工业用的镁是从海水中提取的。

其他溶解物质

　　海水中含有大量溶解物质，除了数种常见的盐，还包括由碳、硼、氟、锶、溴、磷和氮等元素构成的无机化合物。大气中的氧气、氮气、二氧化碳和氩气也可以溶解在海水中。实际上，每种已知的天然元素都至少以微量元素的形式存在于海水之中。

海平面

　　海平面（sea level），是海的平均高度。对地理学家来说，海平面是测量地球海拔和深度时十分重要的依据。海平面是通过与标准水平面的高度进行比较来确定的。然而，由于多种因素影响，海平面不是完全平整的。造成海平面不平的因素有两种：一是涨潮、落潮、风暴和气压高低等因素，使海面始终不能归于平静；二是海底地形的不同，也决定了海面的不平。由于受海底地形的影响，有些海域的海面会低于或高于其他海域几米，甚至十几米。

海湾和湾

　　海湾（gulf）和湾（bay）既有相似又有不同。海湾是一片三面环陆的海洋，它是海的一部分，除了一个与海相连的狭窄出口之外，几乎完全被陆地封锁。世界各地的海湾有着不同的形状和大小。较小的海湾又被称为"湾"，湾的回缩部分较小，与海相连的出口则相对较大。

墨西哥海湾

美国、墨西哥和古巴是环绕墨西哥海湾的3个毗邻的国家。这个海湾通过位于古巴和美国佛罗里达州之间的佛罗里达海峡与大西洋相连，又通过墨西哥和古巴之间的尤卡坦海峡与加勒比海相连。对于它周边的这3个国家，墨西哥海湾具有重要的商业价值。由于周边海域的上升流，墨西哥海湾拥有丰富多样的海洋生物，对于以渔牧业为生的人具有重大的意义。

湾

　　按照一般的定义，湾是（几乎）三面被陆地环绕的水体，只有一个面向海洋的宽阔出口。湾的回缩不如海湾深。然而，并非所有的湾都比海湾小，例如孟加拉湾就比墨西哥海湾大得多。

　　湾一般形成于淤泥、砂岩和黏土遭到侵蚀的区域。被侵蚀的岩石由更耐侵蚀、成分更加坚硬的火成岩环绕。

海峡

　　海峡是指两个水域之间的狭窄水上通道。一条海峡可能连接着两个较大的水体，也可能是一个海湾通向大海的出口。例如霍尔木兹海峡连接波斯海湾和阿拉伯海，阿拉伯海中与波斯海湾相连的部分称为阿曼海湾。国际贸易和航运业在运输货物和海上航行时经常要经过海峡。

▲ 霍尔木兹海峡

悠长的河流

　　河流是水循环的一环，世界的各个大洲都有河流的分布。河流中的水是淡水，而淡水仅占地球上水资源的 3%，它的主要来源为降水及高山融雪。河流有长有短，较小的河流有可能会被称作溪、支流等。

▲ 一条流动的河

什么是河流？

　　你见过流动的溪水吗？我们将规模较小的流动水体称为"溪流"，它通常发育于河流的上游以及山谷一带。地表上的水汇入溪流，许多这样的溪流奔流向前，在某一地点汇合起来形成河流。溪流的数量越多，含水量越大，形成的河流就越大。河水流动的动能足以改变流经之处的地形。河流还具有平整地形的作用，因为它们将来自高地的岩石碎屑和侵蚀物质携带到低地。

河水的流动

　　河流强大的侵蚀和搬运力量来源于无处不在的重力。流动的河水携有如此巨大的动能，以至于它可以塑造和雕刻地貌。重力将河流中的水引导到它们应去往的方向。如果河水流经落差较大的地区，水流的速度就会加快，相反在地势变平之后河流流速又减缓。地势越陡峭，水流的速度越快，所携带的势能也就越大。

▲ 自山中蜿蜒流下的河水

河流的源头及河口

　　我们将一条河开始的地方称为它的"源头"或者"发源地"。河流的源头可能是融化的冰川、积雪或自湖泊向外溢出的小溪。有时，泉水涌出地表并继续向前流动，在其他水体汇入后就形成了一条河。河流的终点被称为"河口"。在这里，河水流入湖泊或海洋。世界上的大多数大河都流入海洋。一般河流都是由几条较小的分支汇聚而成的，我们将这些分支称为它的"支流"。

河的水流

　　研究河流的水流是水文学的一个课题。河流由于重力的原因从高处流往低处，并没有特定的方向，如由于地势原因，中国河流多呈从西向东的流向。降水和风暴等因素可能加快水流的速度。巨大的水流可以移动直径在 1 米左右的岩石，对山体产生侵蚀作用。

▲ 奔腾的河水

静止的湖泊

　　湖泊是内陆洼地中相对静止，具有一定面积，不与海洋发生直接联系的水体。如同河流一样，世界各个大洲都有湖泊的分布。全世界有成千上万的湖泊，它们在大小、形状、深度和其他特征上各不相同。与河流不同的是，湖泊中的水流动得非常慢，有时完全不流动。

池塘

　　池塘是指比湖泊小的水体，有时小到不需要船只而多采用竹筏渡过。它的水极浅，阳光能够直达塘底。池塘可以凭借人力挖掘形成。

▲ 一个天然池塘

冰川湖

　　巨大的冰川缓慢移动时在沿途制造出洼地，冰川融化之后，水聚集在洼地之中，形成冰川湖。有时水碛物堵塞冰川槽谷积水也会形成冰川湖。

▲ 美国蒙大拿州冰川国家公园中的冰山湖步道

火山口湖

　　火山喷发后，喷火口内，因大量浮石的喷出和挥发性物质的散失，引起颈部塌陷形成漏斗状洼地，即火山口。后来，由于降雨、积雪融化或地下水涌出使火山口逐渐储存大量的水，从而形成火山口湖。火山口湖多为淡水湖泊。

▲ 菲律宾塔阿尔火山上的一座火山口湖

河流形成的湖泊——牛轭湖

　　河流在特定的条件下也能形成湖泊。河道的外弯水流较快，河岸受侵蚀，内弯则水流较慢，沉积物累积形成新的河岸。河道因此越来越弯，河谷亦越来越宽。当曲流过弯而脱离主河道，该段曲流就会变成牛轭湖。

> **湖泊的海拔高度**
>
> 湖泊可以在不同的海拔高度形成。死海是世界上地势最低的湖泊，湖面海拔 −424 米。地势最高的湖泊是南美洲的的喀喀湖，它坐落在安第斯山脉之间，湖面海拔 3 812 米，也是世界上海拔最高且大船可通航的高山湖泊。

陆地与水相遇之处

滨海地区是与海洋毗邻的大片地带，海岸线是海洋与陆地的分界线。全世界滨海地区的总面积超过 30 万平方千米，是所有地貌中人口最密集的地方。

海岸线

我们通常用海洋最高的暴风浪在陆地上所达到的线来划定海岸线，在海岸悬崖地区则以悬崖线来划分。海岸线不是一成不变的，它不断变化的原因有以下三种：一是地壳的运动，二是冰川的融化与扩展，三是江河泥沙的堆积。

波浪的影响

强有力的波浪不断撞击海岸，凭借它的力量风化和侵蚀局部的海岸。它的这种持续不断的作用若要对局部海岸造成改变，需要超过一个世纪的时间。

海岸的构成成分越坚固，形成改变所需的时间就越长。例如，要改变花岗岩海岸的形状，需要非常漫长的时间，而由沙子构成的沙岸几乎每天都有变化。

潮汐的影响

你在铺满沙子的海岸上捡过贝壳吗？你知道这些贝壳是从哪里来的吗？它们是由撞击海岸的潮汐和海浪带来的。涨潮时，海水中会携带一些来自海洋深处的物质，它们可能是螃蟹、海星和寄居蟹等，也可能是一些水生植物和贝类。

这些深海来客最后会停留在一个受到涨、落潮流交替影响的区域，这个区域被称为"潮滩"。取决于海岸带的性质，潮滩可从狭长的向海海滩变化为延伸数千米的地带。潮汐流产生的沉积物在经年累月之后可以形成潮汐三角洲。

典型的海岸带

在大多数人的想象中，海岸带要么是沙滩，要么是岩石地貌。然而，神奇的大自然还制造出了冰雪海岸带，例如南极洲的沙克尔顿海岸，以及沙漠海岸带，例如纳米比亚的骷髅海岸。

▲ 印度西部的绵长海岸

海岸平原

　　海岸平原是临海低地的延伸部分，从内陆被高山或高原等高地地形隔离。通常，海岸平原是海底的一部分，是随河入海的沉积物使海底不断升高而形成的。地质学家将海岸平原的入海部分称为"大陆架"。

人类与海岸的互动

　　人类依靠海岸从事渔业和与海洋生物相关的其他职业。大多数海岸带十分美丽并充满活力。因此，游客纷纷前往海岸带度假，探索附近的水域。乘船出游和游泳是人们在海岸带经常进行的活动。

> **有趣的事实**
> 由于毗邻海洋，再加上潮汐和波浪的运动，许多海洋生物的化石都是在海岸平原发现的。

河流

　　有时河流中携带着沉积物、岩石颗粒和土壤，这些物质在一个地方沉降下来，随着时间的推移逐层累积，形成缓缓倾斜或平整的海岸地形。

迷人的海滩

滩涂，分为海滩（受到专门管理的海滩，又称海水浴场）、湖滩、河滩。海滩是由海水搬运积聚的沉积物（沙和石砾）堆积而形成的岸，可依沙的粗细分为砾（石）滩（shingle beach）、沙滩。

海滩的形成

海滩是海洋在陆地边缘的泥沙淤积，它的成分基本上是当地较丰富的物质。有些海滩的沉积物源自邻近的陡崖或附近海岸山脉的侵蚀，有些海滩的沉积物则是由河流搬运至海岸上的。大多数海滩的主要成分是耐侵蚀的石英颗粒，但也有可能是贝壳碎片和珊瑚礁受侵蚀后形成的碎屑等。

侵蚀作用的影响

在数以十万年计的漫长岁月中，在水体附近的陆地上移动的水和风将岩石先后分解成卵石和细沙。只要时间充足，就连巨大的岩石悬崖也会被风化成沙子。洋流、潮汐和波浪将这些沉积物来来回回地带入水中，创造出一长条砂质土地。海洋和湖泊旁边都会形成这样的滩涂。海浪、潮汐和洋流还可以通过这种作用将旧颗粒带走并带来新颗粒，或者将这些颗粒冲到很远的地方，从而破坏海滩。

海滩和季节

每当季节变化，海滩也随之变化。这些变化可能非常微小，可以忽略不计，也可能非常明显。由于沙子很轻，某些地区冬季的大风或风暴会将沙子吹到空中，这会导致侵蚀作用。随着时间的推移，这种侵蚀作用会逐渐形成"沙洲"。

沙洲是一长条狭窄的陆地，由露出水面的沙子和沉积物构成，大多沿着海滩分布。到了夏季，海浪可能将沙洲的沙子带回海滩，导致沙洲再次发生变化。因此，冬天的海滩更窄更陡。而到了夏天，海滩会变得更宽，有更缓和的斜坡。

▲ 碎石海滩

▲ 位于澳大利亚的白天堂海滩，这里的土壤中98%的成分是二氧化硅，所以沙子呈白色

河滩

坐落在河边的滩涂主要被泥覆盖，这是因为当河水流动时会携带泥土。河水将这些泥堆积在河的边缘。经过许多年的积累，这些泥一层一层地堆积起来，构成了一片滩涂。

▼ 俄罗斯顿河河畔的一片滩涂

有趣的事实

大多数动物不喜欢生活在海滩上，因为这里的天气总是在变化。然而螃蟹生活在沙子里，而且不介意被海浪搬运。海龟喜欢将卵产在海滩的沙子里。

海滩剖面

海滩剖面提供了对海滩地形以及其他方面的描述。它记录了海滩类型、植被、海滩周围的气候，以及土壤质地，是海滩的截面图，可以向我们展示海滩位于水面之上和之下的部分，以及潮间带的情况。到目前为止，下列海滩剖面得到了辨认。

- 沙质海滩：沙质海滩是由各种类型的岩石在侵蚀作用下形成的。沙子的类型取决于遭受侵蚀的岩石的类型。靠近礁石、悬崖和大圆石的水域很可能拥有和美国佛罗里达州彭萨科拉海滩一样的白沙。

- 岩石海滩：这类海滩上遍布着碎石和卵石，而不是沙子。这些海滩有时会频繁遭受风暴。经常遭受猛烈风暴的海滩称为"风暴海滩"。

▲ 遍布着卵石而非沙子的海滩

- 滨外沙埂：滨外沙埂将陆地与海洋清晰地分开。它会吸收海浪的大部分能量，保护陆地不受海浪的破坏。

- 珊瑚海滩：作为加勒比海的一道常见景致，珊瑚海滩是全世界最美丽的海滩之一。它们覆盖着珊瑚砂。某些珊瑚海滩拥有粉色或红色的沙子，因为这些沙子由海洋动物遗体和石灰岩侵蚀而来。

▲ 珊瑚砂

后退的海岸线和被侵蚀的海滩

　　海岸带是地球活动最活跃的地带之一，它的地貌是不稳定的，很容易受到海岸侵蚀的影响。海岸侵蚀是指海水对于海岸线陆地的侵蚀所产生的一种作用。一般的海岸侵蚀通常伴随着潮汐，周期性的潮汐引起海水向陆地的水平流动，进而对陆地边缘产生侵蚀作用，其中又以波浪的侵蚀力最大。

天气系统

　　20 世纪 90 年代初，太平洋上图瓦卢岛的海岸以非常快的速度向后退。大批气象学家针对这一事件进行了调查。他们的调查报告表明，一种特有的天气系统（通常指引起天气变化和分布的具有典型特征的大气运动系统）正在强烈影响图瓦卢岛的海滩。人们将这种天气系统称为"厄尔尼诺－南方涛动"（El Nino-Southern Oscillation）。

　　厄尔尼诺－南方涛动一度有所缓和。人们注意到，随着天气系统的变化，它对图瓦卢岛海滩的影响也有所改变。图瓦卢岛海滩后退的速度也一度随之变缓。然而，由于海平面的不断上升，图瓦卢岛现已被大洋淹没，这里的居民自 2002 年起被迫举国搬迁至新西兰等地。

海滩污染

　　污染这种公害已经扩散到海滩和海洋，尤其是对于全球各大城市的海滩来说，情况更为严重。人类通过排水系统将生产及生活的废弃物倾泻到城市附近的河流、近海或大洋中。工业、游轮以及其他污染源产生的废弃物随着海浪到漂散，最终散落在海滩和海岸上。这些垃圾有可能含有对海洋生物有害的毒性物质。

　　附近居民或者游客丢弃的垃圾同样会造成海滩污染。许多人们随手丢弃的东西被海浪冲上了岸，其中包括有毒废弃物、有机废弃物、塑料瓶、注射器、医疗用品和野餐垃圾。

▲ 堆积在海岸上的垃圾

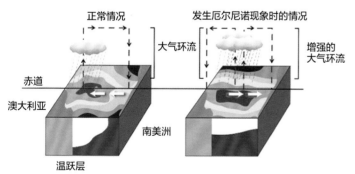

海堤

海堤是用来抵御海岸侵蚀，保护海岸线和海滩的人工建筑，也被称为"防波堤"。建造海堤的材料包括木材、水泥、塑料和岩石等。建造海堤的目的是为了防止波浪对海岸的磨蚀作用。然而，现在大多数海岸科学家认为建造海堤对于防止海岸侵蚀的效果并不明显，而对天然海滩的破坏作用却是巨大的，它剥夺了对海滩来说至关重要的泥沙更替。

一座海堤 ▶

水蚀而成的洞穴

从人类的历史刚刚展开时，洞穴就出现在我们的生活里。在地质学、生物学、考古学和水文学这些学科的研究内容中，洞穴是一个非常重要的主题。我们将研究洞穴起源、性质和洞穴生物的学科称为"洞穴学"，而研究洞穴的学者则被称为"洞穴学家"。

▼ 位于波多黎各的一座石灰岩洞穴

什么是洞穴？

洞穴是大地的天然开口。洞穴有各种尺寸，但它们有着一个共同特征，即空间大得足以让人类和动物进入。洞穴是由坚硬的岩石形成的，海拔高于天然地面。某些洞穴是独立的结构，而另一些洞穴以相互连接的群体形式存在，不同洞穴之间有彼此连通的狭窄通道。

▲ 位于意大利卡普里岛的蓝洞（Blue Grotto）

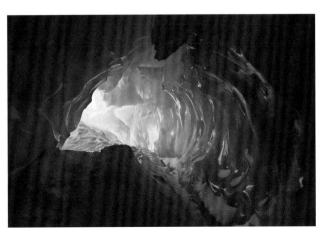

▲ 内部被冰雪覆盖的洞穴被称为"冰川洞"

洞穴的类型

根据各自的形成原理，洞穴主要可以分为4类，另有一些亚型和数量太少以至于未能得到充分研究的洞穴类型。

- **溶蚀洞**：这一类洞穴由硫酸盐类和碳酸盐类岩石构成，包括白云石、大理石和石灰岩等。地下水的流淌令岩石缓缓溶解，在内部形成了中空的隧道。这些隧道和崎岖的通道再演化成洞穴。地球上最大的洞穴就是以这种方式形成的溶蚀洞。

- **熔岩洞**：熔岩从地下涌出后将在地表上流动。它在较低的环境温度下慢慢冷却。随着温度的下降，熔岩会硬化并形成大型构造。构造内部的熔岩没有外部冷却得快，当外部熔岩已经硬化时，内部熔岩仍处于熔融状态。熔融熔岩继续在构造的内部流动，从而形成隧道或管道。这种洞穴由火山岩或熔融岩石构成。

- **海蚀洞**：这一类洞穴基本上分布在海岸附近。海浪冲击海岸沿线的岩石，使它们受到风化和侵蚀。波浪拍击岸边的强劲压力，再加上水中夹带的沙砾，所造成的侵蚀作用相当惊人。海流与波浪一样挖蚀海岸边的坡脚，使坡上岩石崩落，形成海蚀洞。

- **冰川洞**：大型冰块和冰川存在于地球上比较冷的地区，冰的融化在这些冰冻构造上形成隧道，从而形成"冰川洞"。

▲ 希腊扎金索斯岛上的一座海蚀洞

洞穴的内部构造

　　在洞穴里能够看到许多形态迥异的洞穴内部结构特征。因此直到今天，人们还会被洞穴吸引。它们不只是教育和研究的主题，也是旅游休闲胜地。

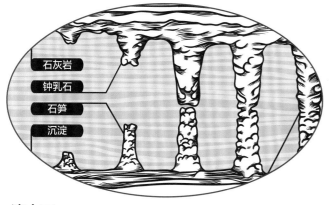

石灰岩
钟乳石
石笋
沉淀

滴水石

　　滴水石也许是洞穴中最有趣、最凹凸不平的结构。顾名思义，它们看上去好像是从洞穴的天花板上滴下来的一样，主要出现在由石灰岩形成的溶蚀洞中。石灰岩里面含有二氧化碳的水，渗入石灰岩缝隙中，会溶解其中的碳酸钙。这溶解了碳酸钙的水，从洞顶上滴下来时，由于水分蒸发、二氧化碳逸出，使被溶解的钙质又变成固体（固化），因此就会形成这种类似于水滴的结构。

▲ 孔雀石结晶形成的滴水石

钟乳石、石笋、石柱

　　钟乳石的形成往往需要上万年或几十万年时间。石灰岩的主要成分是碳酸钙，当遇到溶有二氧化碳的水时，会发生反应生成溶解性较大的碳酸氢钙。当溶有碳酸氢钙的水遇热或当压强突然变小时，溶解在水里的碳酸氢钙就会分解，重新生成碳酸钙沉积下来形成一种固态结构，同时放出二氧化碳。在洞顶的水慢慢向下渗漏时，水中的碳酸氢钙发生上述反应，有的沉积在洞顶形成钟乳石，有的沉积在洞底形成石笋，当钟乳石与石笋相连时就形成了石柱。

▲ 美国弗吉尼亚州路瑞溶洞中的洞穴钟乳石、石笋和其他构造

▲ 宗波洞中的钟乳石

如何区分钟乳石和石笋？

　　由于这两种结构十分相似，很多人搞不清哪种结构是钟乳石，哪种结构是石笋。记住，钟乳石名字中有个"钟"字，因为钟乳石类似于我们房间里的钟，都是悬挂在上部的结构。石笋的名字中有个"笋"字，因为石笋和竹笋类似，也是立在地面上的结构。

地球的大气

    地球被看不见的大气包裹着。太阳系的每一颗行星都包裹着一层或致密或稀疏的大气。地球的大气由多种占比不同的气体构成，并可以划为不同的分层。虽然大气层由气体构成，但它却是有重量的。大气层最低层的质量占到其总质量的绝大部分。

    地球的大气层自形成之后，经历过许多变化。原始大气被认为是"还原性大气"，因为根据大多数科学家的看法，其中只含有很少的氧气或者没有氧气。如今，地球大气中 99.04% 的成分是氧气和氮气，因此它又被称为"氧化性大气"。

什么是大气

大气层常常被描述成包裹着地球的一层薄毯。它是氮气、氧气、二氧化碳、氩气、氖气和氦气等许多气体的混合物。除了氧气与氮气之外，其他气体在大气中所占比例非常微小。大气中还包含水汽，但它在大气中的占比不是固定的，经常出现显著的变化。

没有大气层，就没有地球生命

太阳系的八大行星都有自己的大气，然而每一颗的大气却表现出很大的差异。如果地球没有形成大气，人类将无法生存。这是因为地球的大气中含有人类呼吸所必需的氧气。地球的大气层不仅可以抵御来自太阳的辐射，也可以起到调节地表温度的作用，还能保存太阳辐射的热量。除此之外，大气层也是水循环之中不可缺少的一环。

▼ 阳光自大气层中穿透而出

大气分层

按大气温度随高度分布的特征，可把大气分成对流层、平流层、中间层、热层和外逸层。大气层各个分层之间不存在清晰的分界线，人们是以垂直高度上的温度变化为依据对其进行划分的。

地球大气的分层 ▶

外逸层

热层

中间层

平流层

对流层

有趣的事实

地球大气可以延伸到远离地球表面的数千千米之外。严格区分地球大气的尽头和外部空间是难以做到的，因为大气层与外部空间之间不存在明确的边界。

大气的演变

地球形成初期的原始大气与现在的大气有着天壤之别。那时，大气层主要由太阳系中最常见的氢气、氦气、甲烷等气体组成。

随着时间的迁移，原始大气中较轻的气体逐渐逃逸到太空中，而刚刚形成的地球在有大量活火山爆发的排气过程中，又将地壳内部的气体排放了出去。随之形成的次生大气可能是由水汽、二氧化碳和二氧化硫组成的。彗星和小行星在撞击地球时，也可能会让大气构成发生改变。

早期大气

人们认为，与原始大气相比，地球如今的大气含有较少的二氧化碳和更多的氮气和氧气。地球大气的演变是地球生命诞生的重要条件之一。

早期大气

几十亿年前，地球在形成初期时，地表有很多火山。这些火山持续不断地活动，向外喷出气体。这样的状况持续了相当长的一段时间。在这一时期，大气的主要成分是水汽、二氧化碳和二氧化硫，但并没有氧气。氮气、甲烷等也存在于大气中，但含量要少得多。当地球逐渐冷却时，大气中的水汽发生凝结，形成了地球表面的水。

光合生物

光合生物指的是地球上最早出现的一批能够进行光合作用的生物。科学家就这些生物以及它们对地球早期大气的影响提出过许多理论，但其中大部分仍没有得到证实。

光合生物出现之后，通过光合作用过程，从空气中摄取二氧化碳，并释放氧气。大气中氧气的含量开始增加，而二氧化碳的含量开始减少。

▲ 火山喷发

岩石中的氧

光合生物制出的氧与土壤、岩石和海洋中的铁发生反应，形成红色的铁氧化合物和矿物质。一旦这一过程完成，氧气就开始进入大气。根据对岩石的化学分析，大约在 22 亿年前，地球大气中已存在大量的氧气。

臭氧层的形成

随着氧气开始进入大气，地球大气经历了从无氧环境向富氧环境的变化。氧气（O_2）可以吸收紫外线并形成臭氧（O_3）。臭氧吸收了大量抵达地球大气层的紫外线辐射，形成了对地球的又一种保护。

美国犹他州圆顶礁国家公园
中通体呈红色的贝纳通丘陵
（Beneton Hills）

动荡的对流层

对流层是最靠近地球表面的一层大气。天气变化就发生在这一层，天空中的云也是在这一层形成的，因此它又被称为"天气圈"。对流层中的温度随高度上升而下降，但是它的厚度在地球的不同位置却有所不同。在水体上方或者极地附近的对流层，其高度不超过 9 千米，而在赤道上方的对流层高度却在 16 千米以上。

对流层顶

对流层顶是对流层的最上层。对流层中气温降低至约 −57℃的区域标志着平流层的起点。就像对流层的高度一样，对流层顶的高度在极地和赤道也是不同的，而且在夏天比在冬天高。

> **气象学现象**
>
> 那些我们为之赞叹的气象学现象发生在对流层。造成这些现象的根本原因是太阳辐射的空间差异以及地球的旋转。

对流层中的天气

大气中约 90% 的水汽逗留在对流层之中，它们变幻出云、雾和其他的存在形式。对流层中的风将气团从高压区域输送至低压区域。对流层中天气系统的频繁改变能让我们在一天之内经历数种天气。

▼ 对流层中的云层

逐渐稀薄的空气

对于登山者，尤其是那些想要挑战珠穆朗玛峰等世界高峰的登山者，专家一般建议其随身携带氧气罐。这是因为我们在对流层中向上攀登得越高，那里的空气就变得越稀薄，含氧量大大降低。珠穆朗玛峰峰顶的氧气很少，登山者必须携带氧气罐，以便更自如地呼吸。高山顶峰往往积有冰雪，这是因为当空气变得稀薄时，气温也将随之大幅下降。

气象学家通过观察对流层掌握天气情况

平静的平流层

　　绝大多数的气象过程发生在对流层，对流层经常发生突然且急剧的天气变化。相对而言，位于对流层上方的平流层则较为稳定平和。我们大体上可以将对流层顶当作对流层和平流层之间的界线。平流层起始于地球表面之上大约 14 千米处，其下界在中纬度地区位于距离地表 10 千米处，在极地则在距离地面约 8 千米处，其上界则约在离地 50 千米的高度。

▼ 飞机在平流层底部飞行

平流层与航空业

　　飞机在飞行时要避开湍流，对流层的大气经常出现大尺度的扰动和混合，而平流层的大气没有对流，以水平运动为主。不仅如此，平流层的水汽、悬浮固体颗粒、杂质极少，能见度很高。鸟儿飞行的高度一般也达不到平流层。飞机在平流层中飞行不仅更为安全，还能节省燃油消耗。在温带地区，商业客机一般会于离地表约 10 千米的高空（平流层的底部）巡航，目的就是为了避开对流层因对流活动而产生的气流。

臭氧损耗

近年来，大气中臭氧层的覆盖面积一直在持续下降，这引起了全球科学家的深刻担忧。人们认为臭氧损耗现象背后的原因是含氯氟烃制冷剂的大量使用。自 1996 年起，全球禁止工厂生产及释放氯氟烃的法例开始生效。

温度的变化

▼ 大气层的色彩差异

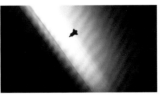

　　平流层的气温在起初大致不变，保持在 -57℃ 左右，升至 20~32 千米后气温迅速上升。平流层的气温分布特征与其中臭氧层所在的位置有关。在平流层顶部的臭氧因为吸收了来自太阳的紫外线而升温，因此越靠近其上界，气温便越高。

◀ 在海平面以上，大气中的氧气含量随着高度的上升而降低

臭氧

　　平流层最重要的特征或许是其中的臭氧层。臭氧是氧的一种存在形式，它能够吸收阳光中的紫外线，避免紫外线对地球表面的直射。一般认为，过量的紫外线对地球生物害处颇大。

冰冷的中间层

平流层的上方是中间层，高度在 50 ～ 85 千米。在平流层上升到 0℃的气温在这里再次开始下降。中间层的平均温度约为 –90℃，非常寒冷。

颇为神秘的中间层

在大气的所有分层中，最低的气温出现在中间层。中间层的大气密度非常之低，其底部的气压大约是海平面气压的百万分之一。由于中间层在大气中的位置，我们很难对它进行研究和调查。最高飞行高度的飞机和探空气球都无法到达这一高度，同样，最低轨道的卫星也进入不了中间层。

电波传播

在中间层，气温随着高度的上升而下降。中间层与电离层的下部相重叠，位于距地面 50 ～ 85 千米的高度。在强烈的阳光照射下，稀薄的空气分子形成了离子。电离层好像一面镜子，把广播台发出的电波返射回地面，这样我们就能收听到广播。

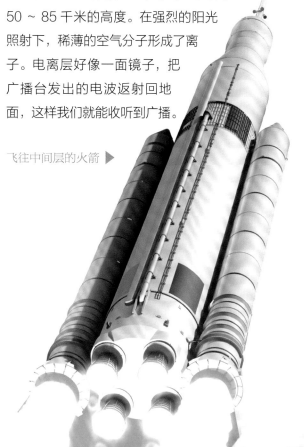

飞往中间层的火箭 ▶

夜光云

夜光云只能在特定的条件下形成，是由极细的冰晶构成且较为稀薄的云。它们是位置最高的云，位于中间层，高度距地面 76 ～ 85 千米，通常在夏天出现在赤道南北纬 50° ～ 70° 的地方，只有当太阳在地平线以下时才能看见。

▲ 爱沙尼亚上空的夜光云

流星

流星在撞进大气层之后，中间层是它们遇到的第一个稠密的气体区域。流星物质与大气中的气体粒子相碰撞，大部分都会在这一层中蒸发或融化。因此，中间层的铁和其他金属分子的浓度也高于大气层的其他分层。

辽阔的热层

热层含有大气中较轻的气体，例如氧气、氦气和氢气等。尽管热层从中间层的最顶端开始，一直向上延伸至距地球表面约800千米处，但由于空气稀薄，它只占大气质量的很小一部分。

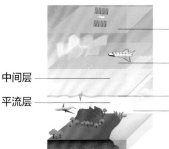

外逸层
热层
中间层
平流层
臭氧层
对流层

热层

▼哈勃太空望远镜帮助我们加深对热层的了解

和臭氧层一样，热层可以吸收部分紫外线。它是大气所有分层中最厚的一层。我们对热层的了解比对中间层多，这是因为哈勃太空望远镜和国际空间站围绕地球运行的轨道就处于这一层。

缺乏热传导

热层气温主要取决于太阳活动，这是氧原子吸收太阳短波辐射而升温的缘故。热层的气温会随高度上升而上升。然而，纵然少数的空气粒子可以于白昼时间达到2 500℃的高温，但因为分子之间的距离过于遥远，它不会令人感到温暖，用普通温度计测量只能量到0℃以下。

太阳活动与电离层

电离过程的主力是太阳活动。电离层内电离度主要受获得的太阳辐射所影响。因此，电离层的活动会随季节（冬季阳光入射角度较低，因此受到的辐射比较少）而变化。太阳活动主要随太阳黑子周期而变化。一般来说，太阳表面黑子越多，太阳活动越强烈。

▼太阳活动对电离层有着巨大的影响

▲极光在历史上也曾被称为"舞动的精灵"

电离过程与极光

进入热层的太阳质子与这里的氮分子和氧原子发生作用。这些太阳质子的能量水平很高，使得气体分子或原子在电离过程中失去一个或多个电子而带正电，电子则被释放，以电流的形式流动，这就是所谓的电离过程。

来自太阳的带电粒子进入极地上方的热层，与大气中的原子和分子碰撞并激发能量释放，产生的光芒形成围绕着磁极的大圆圈，这就是自然界中最壮观的景象之——极光。

波动的外逸层

外逸层是地球大气层的最外层。外逸层大气的温度极高，空气粒子运动很快。又因其离地心较远，受地球引力作用较小，所以这一层的大气经常散逸至外层空间。外逸层的这一特点也造成它的大气密度极低，和外层空间区别不大。

▲ 美国国家航空航天局拍摄的地冕照片

与外逸层相接触的太阳活动

太阳风暴是太阳大气中发生的持续时间短暂、规模巨大的能量释放现象。它的具体表现形式包括增强的电磁辐射、高能带电粒子流、等离子体云和日冕物质抛射等，可能在地球磁层、电离层或高层大气中引起强烈的扰动。

地冕

地冕与日冕的结构有些相似，它以电中性的氢原子为首要成分，是地球大气外逸层的一部分，也就是说，在地球的大气层与外太空接壤的区域，有一片"氢原子云"。从太空看向地球，地冕像是环绕在地球周围的一层微弱的蓝光。地冕可扩展到 63 万千米的高空。

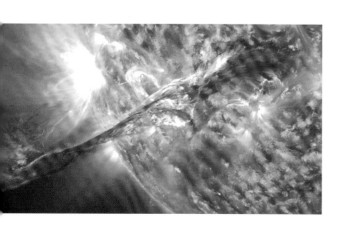

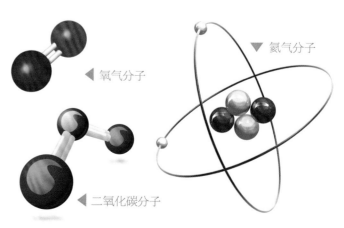

◀ 氧气分子

▼ 氦气分子

◀ 二氧化碳分子

高能的电离层

电离层是地球大气层被太阳射线电离的部分，位于地球磁层的内界。由于影响到无线电波的传播，电离层具有非常重要的实际意义。这一层从离地面约 50 千米开始一直伸展到约 1 000 千米高度的地球高层大气空域。

电离层的分层

阳光中的紫外线和 X 射线使得空气分子电离，形成电离层。电离层内部可分为四层，分别是 D 层、E 层、F1 层和 F2 层。如同大气的所有分层一样，它们的范围在白天和黑夜以及不同的季节里略有不同。

什么是离子？

离子是质子和电子的数量不相等的带电原子。带正电荷的原子叫做"阳离子"，带负电荷的原子叫做"阴离子"。

无线电波的传播路径

电离层中的离子和自由电子可以反射和传送高频无线电波。1901 年，古列尔莫·马可尼（Guglielmo Marconi）从英格兰的康沃尔郡发射了一个无线电信号。这个信号被发送到了加拿大的纽芬兰。

这个试验的目的在于验证无线电波的传播路径依赖大气层的理论。人们此前曾错误地认为无线电波以直线路径传播。该试验证明无线电波是在电离层中发生反射，从而实现传播的。

▲ 古列尔莫·马可尼

电离层中仿佛消失的分层

电离层中的 D 层和 E 层是最靠近地球的两层。每到夜晚，D 层对 10 兆赫兹以下的电波的吸收率会显著下降，而 E 层则由于造成电离的太阳辐射的停止，不再吸收电波，仿佛是在夜晚消失了一般。因此，无线电台的传播距离在夜晚可以增加 100 多千米。

这种无线电波变得不受干扰的现象在 AM 广播上体现得尤其明显。AM 广播即调幅广播，是一种通过无线电进行交流的方法。这种交流是通过发射强度不一的信号来实现的。

▼ 无线电通信基站

太阳系各大行星的大气

　　和地球一样，太阳系另外七颗行星都有自己的大气。每一颗行星的大气都有其独特的地方，但也存在一些相似之处。

岩质行星的大气

　　水星、金星、地球和火星是岩质行星。它们有着基本相似的大气结构。下面是岩质行星大气的一些特征：

● **水星**
水星拥有一个很薄的外逸层。它的外逸层含有较多的氧气和氢气，还有少量的氦气和二氧化碳等。

● **金星**
它被认为是地球的孪生行星，但它的大气层比地球更致密。金星大气层的成分以二氧化碳为主，而其中覆盖着这颗星球的硫酸云团捕获太阳辐射，形成了极其强烈的温室效应。

● **火星**
火星的大气主要由二氧化碳构成，不过它的大气比金星的大气稀薄得多。

气态巨行星的大气

　　木星、土星、天王星和海王星被称为"气态巨行星"。这些行星的大气由多种气体构成。所有气态巨行星的大气都含有大量氦气和氢气。

木星的大气

　　除了氦气和氢气，木星大气的底部分层还含有氨气和硫化氢云团，后者构成了包裹这颗行星的条带。木星大气的对流形成了交替出现的暗带和亮区。浅色条带被称为"区"（zone），深色条带则被称为"带"（belt）。对流和木星的快速自转，共同在亮区和暗带之间形成了一条条可见的高速风带。

土星的大气

　　和木星一样，土星的大气也有深浅不一的条带，以及伴随有强烈闪电的旋转风暴。土星上的条带较微弱，且越靠近赤道处越宽。旋转风暴看上去像是这些条带上的斑纹。

　　土星的卫星土卫六拥有自己的大气层，主要成分是氮气和甲烷。甲烷会由于太阳辐射发生反应，并产生浓密的橙色烟云，因此这颗卫星看上去有着橙色的外观。

▼ 太阳系

大气与太阳能

太阳向外释放光、热量和能量。这些物质部分被地球大气吸收，然后传送至地表。地球可以通过不同方式吸收太阳的馈赠。"地球的能量收支"是指地球从太阳那里接收到的和向外反射出的光、热量和能量的量。

辐射平衡

大气中的热量被转送至地球表面，然后这些热量又通过风和水转移到地球的各个区域。热量也会被输送回大气的低层和上层，并从那里返回外太空。当地球表面获得的热量和返回大气的热量相等时，地球的温度就能长期保持稳定。我们将这种热量的收支平衡称为"辐射平衡"。

太阳能

太阳辐射的能量中能够抵达地球大气层的部分以不同的方式被吸收，另外有近 34% 的能量被云层和地面反射回外太空。大气中的一些颗粒物、冰、雪以及海洋也会反射太阳能。

太阳能的吸收

在抵达地球的全部太阳能中，有将近 23% 被大气上层和低层中的臭氧、尘埃和水蒸气吸收，能够抵达地球表面的太阳能量不足 50%。然后，这些能量被地球表面吸收。也就是说，在传播到地球的全部太阳能量中，有略高于 70% 的部分被地球的不同部位吸收。热量从大气层中温暖且云量很少的区域逃逸出来，从云量很大的区域逃逸出的热量相对来说比较少。

大气层吸收热量的能力

大气层几乎不吸收太阳的短波辐射，而仅吸收对地球的长波辐射。其中水蒸气和二氧化碳是主要的吸热气体。水蒸气对太阳辐射的吸收能力是其他普通气体吸收能力总和的 5 倍多。

气温的高与低

温度是影响全球气候的最重要因素。太阳是地球热量最主要的来源。尽管其他天体和地球内部也可以提供一些热量，然而如果没有太阳，地球及其大气就无法得到维持生命生存所需的热能。

影响温度的因素

以下这些特定的因素决定着地球表面各个地区的温度：

● **纬度：**

纬度对于气温有非常大的影响。地球上各个地区的气温很大程度上是由阳光照射地表的角度决定的。当阳光与地表的夹角为 90°时，地表获得的太阳能最多。地球的自转轴呈23.5° 倾斜，且它的形状是球形，因此无论在哪一天，太阳都只能直射在某一个纬度圈上。

总体而言，经常被阳光直射的赤道地区平均气温最高，而北极和南极的平均气温最低，因为那里只能得到极少的斜射阳光。

● **海拔：**

在地球上，海拔较高的地方气温较低。也就是说，气温随着地表高度的增加而降低。在同一纬度上，高山山顶上的气温要比平原低得多，那里非常寒冷，往往有大量经年的冰雪。

● **陆地和海洋的差异：**

陆地和海洋对热量的吸收是不同的，这是因为陆地和海洋的比热容的差异。陆地受热和冷却的速度均比水体快得多。即使海洋的表层已被晒热，但是如果你跳进水里向深处游去，你就会意识到海洋深处并没有接收到多少热量。

● **洋流：**

洋流对全球热量的再分配十分重要。洋流，特别是暖流，使低纬度地区的热量向高纬度地区传输。暖流经过的大陆沿岸气温高，寒流经过的大陆沿岸气温低。暖流的效应一般在冬季比较强烈，而寒流对热带地区的夏季影响最大。

▼ 暖流和寒流相遇时激起的波浪

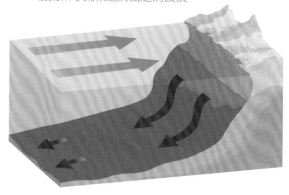

●云量：

云量是影响地球地表温度的另一个因素。因为大部分的云层具有高反照率，能将一部分太阳辐射反射回外太空。与无云的晴天相比，阴天时抵达地表的太阳辐射量降低，因此气温会偏低。此外，云的反照率和它的厚度相关。

在夜晚，云的作用与白天相反，它可以阻挡地球内部热量的流失。因此，阴天时夜晚的气温要比晴天时高。

▲ 放大镜可以将热量汇集在镜片的焦点处

有趣的事实

城市具有热岛效应，也就是说，在同一纬度上，城市要比乡村热。这是因为城市中的高大建筑和人工路面可以比乡村地区的植被和土壤吸收更多的热量。

辐射和传导

热量通过传导、辐射和对流等过程进行传播。传导是通过相邻分子间的相互碰撞传递热量的过程。辐射则是以电磁波的形式发生的热传递过程。以这种形式传送的能量不需要物质的存在，可以在真空中传播。地球所获得的大部分能量就是通过这种方式从太阳传播到地球的。

对流

对流是通过空气和水等流体的运动进行的热传递过程。温暖地区上方的空气会因受热而变得膨胀，这会让空气变轻，由此向上升起。当受热空气向上升时，下方较冷的空气就会占据它原来的位置。随着高度的升高，受热而上升的空气逐渐冷却变重，并再次下沉。冷暖空气的这种流动被称为"对流"。

▲ 高积云表明对流层正在发生对流过程

大气的推与拉

地球表面覆盖有一层由空气组成的、厚厚的大气层，在大气层中的物体，都要受到空气分子撞击产生的压力，这个压力称为"大气压力"。我们也可以认为，大气压力是大气层中的物体受大气层自身重力产生的作用于物体上的压力。

大气压力的单位

气压的标准单位是"帕斯卡"。标准大气压（缩写为 atm）被定义为温度为 0℃，纬度 45° 海平面上的气压。这时，水银气压计示数为 760 毫米，即 1.01×10^5 帕，这个数值为便于比较，我们常常使用标准大气压这一单位。

氧气和大气压力

空气中的氧气含量会随着大气压力的降低而减少。在极高的海拔和纬度，大气压力很低，而空气中的氧气含量往往也很低。

人造气压

航天飞机和民航飞机内部的气压是经过人为调整的，乘客们因此能获得充足的氧气，不会产生不适感。

大气压力和天气

大气压力系统一共存在两套，即"低压系统"和"高压系统"。这两套系统决定了地球不同地方的天气。拥有高压系统的地方空气对流弱，气候干燥少雨。拥有低压系统的地方空气对流强，将经历多云多风，有更多降水的天气。

氧气罐

高海拔地区的空气十分稀薄，因此登山家在登山时经常会随身携带氧气罐。稀薄的空气无法供应充足的，满足人体呼吸需要的氧气，人们在高山地带经常出现缺氧症状。

气压计

用来测量大气压力的仪器被称为"气压计"。这种仪器设有一个一端封闭且盛有液体水银的玻璃管，这个玻璃管被倒插在装有水银的槽中。管中的水银随着大气中气压的增减而上升或下降。我们可以根据其中水银柱的高度来测定大气的气压。

便于家用的无液气压计 ▶

静态结构

　　大气的密度和质量是个复杂的话题。在对地球的大气进行任何计算时，它的温度、密度和压力都要被考虑在内。这些因素统称大气的"静态结构"。

温度差异

　　对流层是大气层各个分层中质量最大、温度最高的一层。它最接近地球表面，地球内部活动和地表发散的热量首先传入这一层。如果天空中没有大量的云，那么相当一部分阳光所传递的热能将会输入这一层。对流层之上的几个分层的温度相对较低，那里接受到的来自地表的热量较少。

数密度

　　我们可以用"数密度"来衡量单位体积内的空气分子。这个指标被用来计算空气密度。大气层中的空气分子受到重力的束缚，也就是说，空气具有一定质量。空气自身的重力将气体分子挤压到一起，压缩其体积，数密度因而有所增加。

▲ 地球各个地区的气温因地理条件的不同而有一定的差异

温度逆增

　　我们知道对流层的温度随高度的升高会降低，大约每升高 100 米，气温降低 0.6℃，但在一定条件下，对流层中也会出现气温随高度增加而上升，或者随高度的增加，地面降温变化率小于 0.6℃ /100 米的现象，这种现象称为"逆温"。气象学家在预测天气时会特别关注大气中的逆温层。在冬季，地表附近的空气比较容易出现逆温现象。

静力平衡

　　大气既有水平运动，也有垂直运动。垂直方向上，大气受到重力作用，做垂直向下的加速运动。因此，近地面空气密度要比高空大气的密度大，气体压力也要高，而一般情况下垂直运动的加速度比重力加速度小得多，可忽略不计。所以，如果将大气层分为无数层薄层，可以认为每一薄层大气受到的重力与垂直向上的气体压力（气压梯度力）相平衡，我们将这种状态称为"静力平衡"。

▼ 接近地表的空气具有最高的数密度

天气与气候

为什么冬天的风令人瑟瑟发抖？为什么有的地方晴空万里，有的地方却暴雨如注？要想获得答案，我们首先需要了解这些天气的成因。

天气是指某一地区在一定时间内大气中发生的各种气象变化。天气具有五个要素：气温、降水、风（包括风向和风速）、湿度和气压。在天气预报中，我们最关注的就是气温和降水。

与描述瞬间或短时间内各要素情况的天气不同，气候是指某一地区多年的天气和大气活动的综合状况（平均值、方差、极值概率等）。天气和气候影响着生态环境、经济和社会生活的各个方面。通过学习相关知识，我们可以对天气和气候进行预测，对灾害做出预警，从而充分利用有利天气和气候资源，减轻天气和气候灾害对农业等行业的影响。

锋与风

风能够吹干洗好的衣服，吹动树叶。大风可以毁掉你的发型，而轻风可以让你在炎热的天气中感到凉爽。地球不同部位接受的热量是不一样多的，热量在地球上分布得很不均匀。大气运动的根本动力是地球表面接受到的热量差异，不同的热量导致了不同的压力，并随之产生大气的运动。这些运动的空气被称为"风"。风有特定的运动规律。

风的运动

不同地区的大气压力是不相等的。大气总是从高压地区移动至低压地区，这种运动形成了风。冷暖气流的交界地区称之为"锋"。

▲ 在陆地上可以看到靠近的锋

锋面天气

锋是气象用语，指冷暖气流的交界地区。冷暖气团相遇时，它们之间会出现一个倾斜的交界面，被称为"锋面"（锋区）；锋面与地面相交的线，被称为"锋线"。我们一般把锋面和锋线统称为"锋"。根据锋两侧冷、暖气团移动方向和结构状况，我们一般把锋分为以下四种类型：

● **冷锋：**

冷气团主动向暖气团移动形成的锋被称为"冷锋"。由于冷空气重，暖空气轻，所以当冷气团移动时，就会形成冷气团主动楔入暖气团下面而构成冷暖空气交界的锋面。冷锋过境时，多会出现积雨云，发生雷暴及强降水。

▲ 在暖锋前方可以看到层状云

● **暖锋：**

暖锋是指锋面在移动过程中，暖空气推动锋面向冷气团一侧移动的锋。暖锋过境时，温暖湿润，气温上升，气压下降，天气多转云雨天气。与冷锋不同，暖锋比冷锋移动速度慢，可能会产生连续性降水或出现大雾天气。

▲ 准静止锋保持静止，而且可能在一个地区停留很长时间。如果比较温暖的气团中含有大量水蒸气，可能会导致大雨或冻雨

• **准静止锋：**

当冷、暖气团的势力相当，或冷空气南下势力减弱并受到地形的阻挡，使冷、暖气团的交界面呈静止状态时，会形成准静止锋。由于准静止锋可维持十天或半个月之久，故常形成连日阴雨天气。如果暖气团处于湿度不稳定状态，也可出现积雨云和雷阵雨天气。夏季因准静止锋两侧温差不大，锋面坡度可以很陡，锋际上可出现强烈的辐合上升运动，雨带狭窄而降水强度很大，常形成连续暴雨。

盛行风

盛行风是指，在一个地区某一时段内出现频数最多的风或风向。

除少数例外，大多数盛行风是东西走向的。有些盛行风是南北走向，不过这是少见的情况。来自不同方向的两股盛行风有时会相遇，发生这种相遇的区域被称为“辐合带”。盛行风受“科里奥利效应”的影响，这导致风向在南半球顺时针偏转，在北半球逆时针偏转。

• **锢囚锋：**

暖气团、较冷气团和更冷气团相遇时先构成两个锋面，然后其中一个锋面追上另一个锋面，迫使冷锋前的暖空气抬离地面，锢囚到高空。我们将冷锋后部冷气团与锋面前面冷气团的交界面称为“锢囚锋”。

▼ 热带气旋有时会在锢囚锋之前出现，因为它是冷锋超过暖锋时形成的

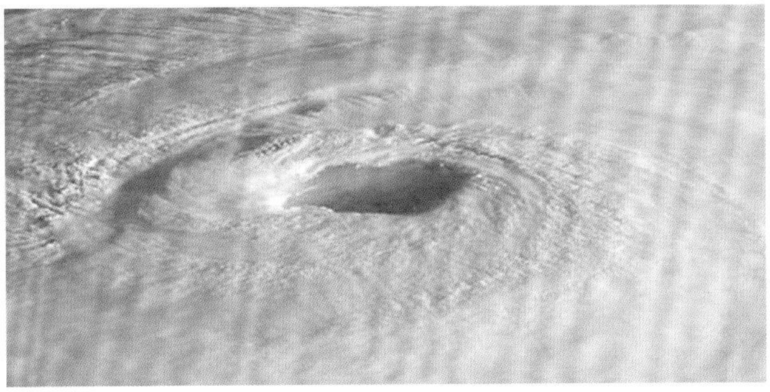

地转偏向力

地球自转偏向力，又叫地转偏向力，是科里奥利效应造成的一种现象。它指的是由于地球沿着其倾斜的主轴自西向东旋转而产生的偏向力，使得在北半球所有移动物体（包括气团等）向右偏斜，而南半球的所有移动物体向左偏斜的现象。

地转风

地转风是指自由大气中空气在无加速度且惯性离心力不起作用的情况下的水平等速直线运动。在这种运动中，只有水平气压梯度力和地转偏向力起作用，且水平气压梯度力和地转偏向力相平衡。

有趣的事实

根据一个基于地转风的理论，如果你面向南半球站立，低压风将总是在你的左边。如果你面向北半球站立，低压风将总是在你的右边。

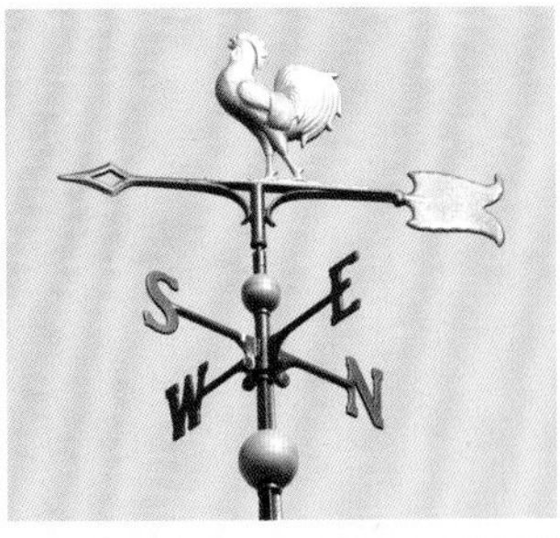

全球大气环流

大气环流，一般是指具有世界规模的、大范围的大气运行现象。地球各个地区因热量的分布差异，使得大气压力在地球表面的分布不均匀，产生了全球的大气运动过程。

大气环流的成因

大气环流形成原因有三种。一是太阳辐射，这是地球上大气运动能量的来源。由于地球的自转和公转，地球表面接受太阳辐射能量是不均匀的。热带地区多，而极地地区少，从而形成大气的热力环流。二是地球自转，在地球表面运动的大气都会受地转偏向力作用而发生偏转。三是地球表面海陆分布不均匀形成海陆风。以上种种因素构成了地球大气环流的平均状态和复杂多变的形态。

▲ 描绘空气运动的示意图

海陆风

海陆风通常发生于近海和海岸地区。在白天阳光的照射下，陆地很容易升温，陆地上的空气也随之温度升高，因此与海洋出现气温差。由于气压梯度力推动气流从低温区域向高温区域移动，陆地上开始吹拂凉爽的海风。而到了晚上，陆地的温度降了下来，海洋温度高于陆地，这个区域开始吹起陆风。

信风带

由副热带高气压带吹向赤道地区的定向风叫信风，在地球自转偏向力的作用下，风向发生偏离，北半球吹的是东北信风，而南半球吹的是东南信风。终年吹着信风的区域被称为"信风带"，一般分布在南北纬5°~25°附近。

西风带

西风带位于南北半球的中纬度地区，在副热带高气压带与副极地低气压带之间，是赤道上空受热上升的热空气与极地上空的冷空气交汇的地带。

极地东风带

极地东风带是天气学概念，指的是自极地高压辐散的气流，在地转偏向力的作用下，形成偏东风，北半球为东北风，南半球为东南风，统称为"极地东风"，所以叫做"极地东风带"。

赤道无风带

赤道无风带是指出现在赤道附近对流层底层风向多变的弱风或无风，即赤道附近南北纬 5°之间。这里太阳终年近乎直射，是地表年平均气温最高地带。由于温度的水平分布比较均匀，水平气压梯度很小，气流以辐合上升为主，风速微弱，故称为"赤道无风带"。

▲ 风吹拂着非洲卡拉哈里沙漠

▲ 一场风暴的卫星照片

副热带无风带

副热带无风带亦称"马纬度无风带"，是指南北半球的副热带高压带中心区域的无风或风向多变的微风地带，介于信风带和西风带之间，平均位置分别在北纬 30°～40°和南纬 30°～35°。副热带高压带控制区域上空气流下沉，多晴朗天气。近地面层和低空中，大气的平流运动极其微弱，即形成副热带无风带。副热带无风带随副热带高压中心的季节变化而南北移动。非洲的卡拉哈里沙漠就位于副热带无风带。

令水手恐惧的赤道无风带

在过去，海军士兵和水手听见别人说起赤道无风带，常常瑟瑟发抖，这是因为他们的船会在那里陷入困境，动弹不得。

高压区和低压区

地球从赤道往北或者往南依次会有赤道低气压带、副热带高气压带、副极地低气压带三个环绕地球与地球纬度平行的带状区域。这种气压的差异是由于地球表面太阳辐射的空间分布差异造成的。赤道地区由于接收到的太阳辐射最强烈，所以大气受热上升，使得该地区形成低气压区域。

赤道低气压带上升的气流，由于气温随高度上升而降低，空气渐重，在距地面 4~8 千米处大量聚集，转向南北方向扩散运动，同时还受重力影响，故气流边前进边下沉，分别在南北纬 30°附近沉到近地面，使低空空气增多，气压升高，形成了南北两个副热带高气压带。

当副热带高气压与极地高气压的空气相遇时，暖而轻的气流爬升到冷而重的气流之上，于是又形成了一个上升气流，空气上升，低空空气减少，气压自然降低，进而形成低气压带。

有趣的事实

当风抵达低气压区的中央，它会开始向上移动，这可能导致风暴。另一方面，高气压区中央的空气倾向于从上方下沉，从而形成平静、温和的天气。

云的形成

你观察过空中的云吗？天上的云可以变幻出不同的形态。有时天空中只有少量的云，有时那些云朵却既厚又密集。在晴朗的天气，云是白色的，在阴雨天气，它又呈现为灰色。云其实是由悬浮在空中的微小水滴或冰晶构成的。

云凝结核

大气中的尘埃颗粒可以成为云的凝结核。这些尘埃颗粒最初形成于靠近地表的地方。有些尘埃颗粒是由污染物形成的，例如汽车尾气、工业排放气体中的微小颗粒物。

当气温降低到一定温度时，水蒸气在凝结核的表面上发生凝结，形成云滴。如果没有凝结核，要形成云滴，空气的相对湿度必须超过100%，凝结过程才会发生。

有趣的事实

霜不是结冰的露，而是由水直接从气态变为固态形成的。这个过程被称为"凝华"，它会形成冰晶，这种现象经常出现在冬天的窗户玻璃上。

▲ 人类排放气体中的微小颗粒物可以成为云的凝结核

露点温度

湿润的空气上升到更高处时，它会冷却下来，达到它的"露点温度"（简称"露点"）。在自然界中，温度降低到露点以下会使水汽发生凝结，露点温度即指空气因冷却而达到饱和时的温度。露点温度越高，空气湿度越大。当这一温度超过18℃时，人们就会产生不适的感觉。

冰晶

我们无法看到天空中细小的冰晶或水滴，因为它们距离我们过于遥远。大气层中的空气包含一些水分，这让空气变得潮湿。当潮湿空气冷却时，空气中的水蒸气就会凝结成小冰晶或小水滴。

为什么云是白色的？

云的颜色是由云层的厚薄所决定的。如果云很薄，太阳的光线很容易投射过来，那么云会显示白色。我们所见到的各种云的厚薄相差很大，厚的可达 7~8 千米，薄的只有几十米。云的种类包括满布天空的层状云、孤立的积状云和波状云等许多种。对于很厚的层状云或者积雨云，太阳和月亮的光线很难透射过来，这样的云看上去就很黑；稍微薄一点的层状云和波状云，看起来是灰色的，特别是波状云，云块边缘部分更为灰白。

饱和点

"饱和"意味着空气无法容纳更多水汽或小冰晶。与较冷的空气相比，较暖的空气可以容纳更多水汽。空气在上升过程中逐渐冷却，这时水汽就像海绵里的水一样被从空气里挤了出来。如果周围空气中有足够的凝结核，云就会形成。

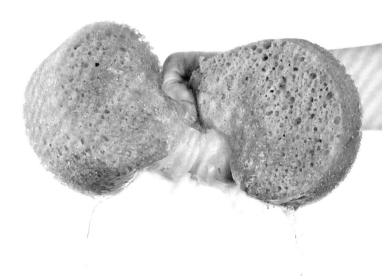

云的分类

基于云的形状和高度，云可分为以下三种云型：

● 卷云：

卷云极为稀薄，一般位于 6 000 米以上的高空。由于高空大气的温度较低，水汽较少，卷云通常既薄且白，且主要由冰晶构成。它可以与另外两种云型结合，形成卷层云和卷积云。

● 积云：

积云由球状云团组成，外形通常呈棉花状。积云的底部通常较平。分布在距地面 2 000~6 000 米的空中的积云，被称为"高积云"。它多与另外两种云型相融合，分别被称为"卷积云""层积云"。积云一般由水滴而非冰晶构成。

● 层云：

层云会覆盖大部分天空或整个天空，尽管其中有许多小的裂隙，但看不出明显的单个云体。层云包括卷层云、高层云和雨层云。其中，雨层云是降水的主要来源，高层云有时会伴有小雪或毛毛雨等少量的降水。

至关重要的降水

　　每一朵云中都含有水。有的云可以带来降水，而另一些云却不能。气象学家用了很长时间才弄清楚了这个问题。降水有许多种类型，其中雨和雪是最常见的，不过它有时也以雨夹雪、冻雨或冰雹等形式出现。后三种形式的降水往往会给降水的地方造成危害。

降水的重要性

　　降水量是影响一个地区植被生长状况的重要因素，也会极大地影响人类的农业生产与生活。

降水的形成

　　同一云层中同时存在冰晶和过冷水时，就会形成理想的降水条件。0℃以下的液态水被称为"过冷水"，而液态水与水蒸气处于动态平衡状态时被称为"饱和水"。当水汽压（空气中水汽所产生的分压力）处于过冷水和饱和水之间时，过冷水滴会蒸发而缩小，而冰晶会吸收水汽发生凝华，从而不断增大。冰晶在增长到足够大时，就开始下落。如果地面温度大于4℃，这些冰晶就会在下落的过程中融化，变成降雨。

雨是降水的一种类型

毛毛雨

气象学上认为，雨是指直径至少为0.5毫米的水滴，而雨滴尺寸小于0.5毫米的雨，只能称为"毛毛雨"。毛毛雨可能会持续几个小时，偶尔会持续几天。

降水和水循环

　　如果缺少降水这个环节，水循环就无法进行。降水让大气中的水以雪或雨的形式落到地球表面。在太阳热量的作用下，这些水蒸发成水汽，再次返回大气。然后水汽在空中发生凝结，形成云，并再次以降水的形式回到地表。如果没有降水，陆地上的淡水就无法得到补给。没有新鲜的淡水，人类的生活就会陷入重大危机。

▲ 水循环示意图

▼ 低降雨量、低降雪量，以及不断融化的冰川都是全球正在变暖的标志

雨夹雪

在较寒冷的地区，雨滴在尚未落到地面时就会冻结，变成小的冰粒。雨夹雪时的雨滴呈过冷的状态，它们有可能在树枝或电线上冻结，造成破坏。

冰雹和雪

冰雹十分坚硬，有可能造成危害，而雪花是由六边形冰晶构成的，相对来说要"温柔"得多。

▼ 冰雹被称为"冰冻水滴"

雨

　　由小水滴（小冰粒）构成的云被称为"水成云"（冰成云）。当云为水成云或冰成云时，会不会产生降水，取决于能否在较短时间内形成大量足够大的雨滴（一个雨滴约合 100 万个云中水滴）。云中水滴形成雨滴的途径有两种：一种是云中水滴自己不断凝结变大，另一种是云与云之间互相碰撞使得云中水滴相互结合，质量变大。当水滴的质量大到上升气流无法将其"托住"时，水滴下降，便形成了雨。实际上，水滴仅仅靠自我凝结是很难变成足够下降的雨滴的，主要的增长手段是通过水滴之间的相互结合。

幡状云

　　降水并不一定会落至地球表面。有时，当雨滴从云中落下时，遇到下方炎热地区的温暖空气，便直接蒸发进入大气，我们称这种形式的降水为"幡状云"。它可以减少雨水对地表的侵蚀，在沙漠地区尤为常见。

冰雹

　　冰雹起源于小冰核，在下降过程中因吸附云层中的过冷水而逐渐增大。在遇到强烈的上升气流时，它们被迫上升，然后重新下降。每次穿过云层中的过冷水域时，冰雹都会多裹上一层冰壳。我们在拾起落在地上的大块冰雹时，会发现其中有几个呈透明和半透明状的冰层。

　　冰雹仅在高大的积雨云中形成。这类积雨云中有强烈的上升气流和充足的过冷水，是冰雹最理想的"孕育之地"。

▲ 发生在瑞典的雹暴

> **有趣的事实**
>
> 雨滴不受力的情况下，显然会收缩为表面积最小的球形，但实际情况是，当雨滴下落时，会受到重力、浮力和空气阻力的影响，这使得雨滴的形状像是流下的油滴。物体通过以该形状下落的方式，可以减小阻力，使自身自然下落。

降雨的分类

　　根据富含水汽的空气在形成降雨之前的运动路线，我们可以将降雨分为对流雨、地形雨和锋面雨。

对流雨

　　对流雨是指空气在受热上升的过程中变冷，达到露点后凝结形成的降水。它通常发生于热带地区和夏季的内陆地区。地面空气在早晨和正午受热，上升后形成积云和积雨云，最后形成降水，有时会伴有雷鸣和闪电。对流雨持续的时间通常不会太长。

地形雨

　　地形雨是由于丘陵或山脉阻挡了富含水汽的气流，暖空气被迫上升而形成的。这种类型的降水在靠近海洋或大湖的山区最为常见。山地的迎风坡可以获得大量的降水，而在背风坡即所谓的"雨影区"，由于越过丘陵和山脉的空气开始下降和变暖，不会形成降水，这里往往十分干旱。

锋面雨

　　所谓的"锋面"是指具有不同密度的气团之间的交界面。举例来说，北极形成的冷气团在开始向南方移动时，沿途会接触到比它温度高的暖气团。这时，更活跃的冷气团将试图进入暖气团，而暖气团要被迫做出应对。冷空气紧贴地面，其上部较轻的暖空气被迫上升。上升的暖湿空气发生凝结，形成锋面雨。

▲ 对流雨有时会伴有雷暴

▲ 山区经常形成地形雨

▼ 为落叶林覆盖的热带森林地区是
　　对流雨出现得最频繁的地区之一

受到污染的雨水

　　地表的淡水通过降水获得补充。雨水对于河流和湖泊是一种补给，对于蓄水层——储存淡水的地下构造，更是如此。人类的农业、工业和家庭生活都离不开降水。

酸雨

　　人类燃烧煤和石油等化石燃料，将大量的氮氧化物和二氧化硫排入大气。雨在形成和降落的过程中，吸收并溶解了空气中的二氧化硫、氮氧化物等物质，形成了pH值低于5.6的酸性降水，也就是酸雨。我们已经逐渐意识到了酸雨的危害。酸雨严重地破坏了生态系统，一些湖泊中的鱼类因此大量死亡。酸雨还有可能减少作物产量和降低森林的生产力。酸雨中细微的硫酸盐和硝酸盐颗粒一旦进入人体，有可能对心肺功能造成危害。

一项科学猜测

　　你是否曾注意到星期六和星期日的雨水更多？一项研究表明，在大都市和城市化地区，周末的降雨概率比工作日大。在工作日，汽车和工厂排放的废气更多。这会将数以千万计的云凝结核释放到空气中。到了周末，这些云里的云凝结核达到饱和，开始释放降水。因此，星期六和星期日的降雨比其他时候更多，这些雨滴既不纯净也不安全，在使用之前需要对它们进行深度处理。当然这只是一项有趣的科学猜测，目前没有数据能够对其进行证明。

越来越少的降雨

　　1861年，印度的乞拉朋齐是全世界降雨最多的地方。它在这一年的降雨量是22 960毫米，创下了世界纪录。自1861年以来，由于日益严重的空气和水污染，全世界的年降雨量都在下降，如今乞拉朋齐的年均降雨量约为11 400毫米。

▲ 砍伐森林影响降雨

▲ 印度的乞拉朋齐

美妙的雪

雪是冰晶（更多时候是以冰晶集合）形式的降水。雪花的大小、形状和密度很大程度上取决于它们形成时的温度。当温度很低时，空气中的水汽会形成由六边形冰晶构成的雪花。而当气温高于 –5℃时，冰晶将集合成较大的块状聚合物。由这种复杂雪花形成的降雪通常重而且含水分多。

降雪

每一粒冰晶都是在云内形成的。在落向地面的过程中，许多冰晶聚集在一起，形成了雪花。就像从天上落下的许多雨滴导致一场降雨一样，许多雪花导致一场降雪。据说每一片雪花都是独一无二的，这是因为每一片雪花都有独特的结构或图案。雪花的各异图案是在不同的温度和湿度下形成的。

温度的影响

温度和湿度还决定了雪花的大小。雪花由冰晶形成。这些冰晶是在 –40℃ 的低温下形成的。然而在这个温度下，冰晶是围绕云凝结核形成的。如果暴露在更低的温度下，冰晶可以直接由水蒸气形成。

▲ 雾和降雪有时会同时发生

湿度的影响

冰晶在温和潮湿的环境中生长得更快。随着它们的生长，所有冰晶都会形成分叉。这些分叉与周围的冰晶融合，形成雪花。如果空气过于寒冷或干燥，形成的冰晶就比较小。

> **雪花的结构**
>
> 雪花完全由冰晶构成。当这些冰晶聚集起来，它们会呈现出六角形图案。这些图案反映了氧原子和氢原子（它们存在于水中）的排列方式。

六角棱柱体雪花

最基础的雪花晶体构造为六角棱柱体。只有在寒冷干燥的环境下，雪花才会非常缓慢地形成这种图案。每一片呈六角棱柱体的雪花在厚度和分叉长度上都可能不尽相同。

当仍然飘在空中的雪花与越来越多的冰晶接触时，它们会变大。一片六角棱柱体雪花可以与冰晶结合，长出分叉并形成更复杂的结构。某些雪花拥有长针状分叉，形成复杂的图案和形状，仿佛花朵、星辰和叶片。

> **有趣的事实**
>
> 因为雪花是六角形的，所以每一片雪花都是对称的并有六条对称轴。

冻雨

冻雨是一种独特的现象。地球上的一些地方温度极低，但那里的空气保存着一些热量。由于这些热量的存在，降水的形式便是雨水。这些雨滴非常冷，刚一接触如地面、汽车、路灯或公路这类物体的表面，立刻就会冷冻成冰。

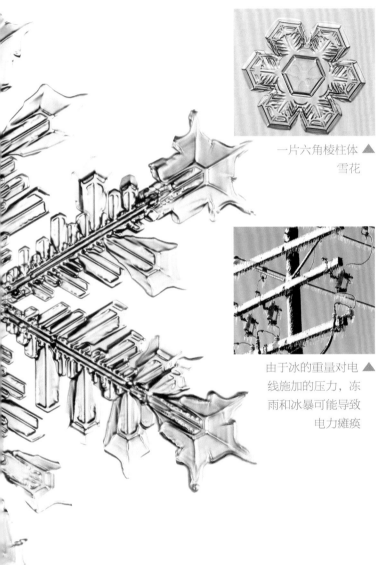

一片六角棱柱体 ▲
雪花

由于冰的重量对电 ▲
线施加的压力，冻
雨和冰暴可能导致
电力瘫痪

雪为什么是白色的？

雪呈现出白色，这背后的原因和云呈现出白色的原因非常类似。雪是完全由冰晶组成的，这些冰晶实际上是无色透明的。当这些晶体数以十亿计地聚集起来，阳光会被它们反射，这些晶体就会呈现出白色的外观，因此雪是白色的。

十二分叉雪花

大部分雪花有六个分叉。当两个小雪花相遇时，它们可能会在空中相撞。干燥的空气会导致它们粘在一起，从而形成十二分叉雪花。该过程极为常见。有些十二分叉雪花很容易被找到。

雪花有好几种类型。并非所有类型都已经被发现和命名。给被发现的雪花命名是为了便于讨论，命名的根据是它们的结构以及与它们相似的物体。"星状树形"雪花（stellar dendrites）、"蕨类状星形"雪花（fernlike stellar dendrites）和"星状盘形"雪花（stellar plates）都是以它们的结构命名的。

冰冷低温

只有在最低气温低至0℃的地方，才有可能下雪。要想形成降雪而且雪不会在落地之后立刻融化，气温需要降低到水的冰点之下。从来不会有因为天气太冷而不下雪的情况，即便是极地地区也会下雪，那里的气温会下降到 -40℃。

在下雪的地方，空气非常干燥。如果空气含有一点水分，也会很快变成雪。这些水分是穿过这片寒冷地区的潮湿空气带来的。由于空气中的水分无法在这些地方保持很长时间，所以这里不会有持久不断的降雪，但地面会被积雪覆盖很长时间。

> **冻雨带来的危险**
>
> 冻雨的危险性很大，生活在冻雨地区的人们会采取措施抵御由此带来的危险，以确保安全。例如，在下了一场冻雨之后，道路会变得非常滑。车门和房屋的门会被冰冻，无法打开。汽车可能以更快的速度从斜坡上滑下去。

雾和霜

在非常寒冷的地方，空气中的水蒸气或水分会在接触地面或者地面附近的植物、树木、汽车和窗户等表面时立刻凝固。这些水分产生结晶，在我们眼中呈现为白色，这种结晶被称为"霜"。

雾

雾指的是底部在地面或非常接近地面的云。雾与云的本质区别在于二者形成的方式不同。气流在上升过程中遇冷后会形成云，而在因冷却或水汽增加达到水汽饱和时，就将形成雾。

▲ 森林上空的晨雾

雾是怎样形成的？

与云一样，雾的形成需要有潮湿的大气和凝结核。只有当空气中存在大量水汽时，雾才会形成，而如果没有尘埃或凝结核，雾同样无法形成。在有空气污染且相对潮湿的地域，雾出现的概率非常之高。

空气中的水蒸气围绕空气污染物颗粒凝结，形成一团团雾。雾甚至会在有盐的环境中形成。海雾形成于咸水水体的上方，是在它们与空气表面发生接触时形成的。

> **露点温度和霜**
>
> 露点温度是空气变得寒冷，然后析出液体的温度临界点。随着温度的进一步降低，这种液体变成固体。霜会出现在温度降低到露点温度以下的任何物体的表面上。

辐射雾

辐射雾是由地表和地表附近的空气辐射冷却后形成的，一般出现在晴朗少云和相对湿度较大的夜晚。这时，地表和地表附近的大气可以迅速冷却，而且只需程度较小的冷却就足以使温度降至露点温度。如果刚好遇到风速为 3~5 千米 / 时的微风，它就可以将雾带到 10~30 米高的空中而不消散。不过，过高的风速有可能造成雾的消散。

当太阳升起后，辐射雾将在 1~3 个小时之内快速消散。因为当太阳辐射加热地面时，最底层的大气首先被加热，雾也从底层开始逐渐蒸发。

平流雾

暖湿空气流经较冷地表时被冷却，如果冷却充分，它就会形成所谓的"平流雾"。这里的"平流"指的是空气的水平流动。恰到好处的风速可以推动平流雾的发展，一方面是因为 10~30 千米 / 时的风速有助于冷却更厚的气流，另一方面是因为它可以将雾带至更高的高度。平流雾可以延伸至地上数百米的高度。

▲ 仔细观察，可以看到凝结在叶片上的霜像一枚枚细小的冰锥

雾凇

过冷的雾滴或云滴冻结在低于冰点的表面上，形成冰晶沉积，这种现象叫做"雾凇"。这时，松针或其他细微的物体担当了冷却水滴的凝结核。雾凇是中国北方冬季相当壮美的一种景观。

有趣的事实

我们无法看透浓密的雾。有时雾气升得很高，覆盖范围很大，甚至连宏伟的大型建筑都无法从远方看到。美国旧金山的金门大桥和英国的伦敦桥有时会完全被大雾遮掩。

白霜

当温度降低到 0℃ 之下，会导致霜的形成。如果温度位于 0℃ 以上，会导致露的形成。

由于温度较低，空气冷却至饱和点以下。发生这种情况时，水蒸气凝结并直接导致冰晶的形成。这些冰晶形成于露天物体的表面。

▲ 草叶上的霜

▲ 聚集在窗户上的霜

窗霜

顾名思义，窗霜形成于房屋和车辆的窗户上，因为窗户的一面接触寒冷空气，而另一面接触温暖空气。它主要发生在以降雪作为降水形式的寒冷地区。厚厚的双层玻璃窗则不会形成窗霜。

▲ 一片树叶上的霜

难以捉摸的天气

天气是不断变化着的，它的变化复杂多样，有时以小时计，有时则以天计。虽然天气影响着我们每天的生活、工作、健康和舒适度，但我们对它的关注并不太多。

天气

我们将一个地区短时间的局部的大气现象统称为"天气"。除了气温变化之外，天气变化还包括风速、空气湿度、降水等。

影响天气的气团

所谓"气团"，是一个巨大的、性质均匀的空气团，水平范围可达几千千米，垂直高度可达几千米到十几千米。它自发源地出发后，就会以自身的温度和湿度影响途经地区的天气。气团可以被分为极地大陆气团、北极大陆气团、热带大陆气团、极地海洋气团和热带海洋气团。

▼ 天气的突然变化会影响人类的生产和生活

天气变化的发源地

对流层是天气变化的发源地，因为大部分云形成并存在于这里。急流（大气中窄而强的风速带）和高空气流的存在都会影响海洋上方的大气和大气压。这会反过来影响陆地上方的天气。

天气和人类生活

天气不仅影响植被和作物的生长，也影响到人类的生产和生活。如果遇到极端天气，也就是说如果过于炎热或者过于寒冷，我们会感到不舒适，甚至有可能因此生病。

预测天气

人类自 19 世纪开始有了正式的天气预报。为了预测天气的变化，人们将一些人造卫星发射到太空。气象学家会对卫星传回的图像进行分析，预测未来一段时间内的天气变化。利用这些图像，气象学家可以分辨出暖气团正处于什么位置以及它们的移动方向。他们也可以看到冷气团的所处位置，它们将在什么地方拦截暖气团，以及由此造成的天气变化。

▲ 手机中的天气预报

复杂多样的气候

地貌的多样性以及许多发生在大气过程中的相互作用，使得地球上的每一处都有其独特的气候。所谓"气候"，是指一个地区长时间的大气平均物理状态。

气候与天气

天气是指某一个地区距离地表较近的大气层在短时间内的具体状态。它总是在变化，而这种变化又是持续的。我们将对天气的综合概括描述称为"气候"。气候是大气物理特征的长期平均状态，与天气不同，它具有一定的稳定性，时间尺度为月、季、年、数年到数百年以上。

"气候"一词的英语词源

英文中的"气候"（climate）源自古希腊语中的"Klima"，意为"斜度"。在当时，古希腊人用这个名词指代人们观察到的太阳光线的斜度，太阳照射地球的倾斜程度直接影响到一个地方所能接收的热量的多少。它与地区所处的纬度紧密相关。

地区气候的差异——气候带

由于温度、降水量、气压和风的全球分布，地球上有大量不同的气候类型。有些地方常年温暖而潮湿，有些地方则相对于大多数地区有着明显温和的冬季。古希腊人最早提出气候带的概念，并以南、北回归线和南、北极圈为界线，把全球气候划分为热带、南温带、北温带、南寒带、北寒带五个气候带（又称"天文气候带"）。

人们根据当地的气候条件▼来着装。例如，在炎热的地区穿T恤，在寒冷的地区穿羊毛衫，在多雨的地区则要经常携带备用雨衣。

气候的影响因素

世界各地丰富多样的气候类型是由以下因素决定的。

- **纬度**：纬度决定地球表面接收的太阳辐射量值，这是地表温度存在差异的最主要原因。
- **海陆分布**：陆地的气温变化比海洋迅速得多，这一物理性质的差异是海洋性气候和大陆性气候形成的基础。
- **盛行风向**：在盛行风控制的地区，由于盛行风携带大量海洋气团进入，大陆与海洋交界处的迎风面更多地表现为较为潮湿的海洋性气候。同样，位于背风面的地区在气候上更多地表现为大陆性气候。
- **山脉和高原**：山脉和高原阻碍气团的运动，因而对气候有一定的影响。另外，高海拔地区会形成其特有的气候特征。
- **洋流**：洋流对沿海陆地区域的温度有显著的影响，具体表现为暖流起到增温增湿的作用，寒流会使沿海地区变得寒冷干燥。
- **气压和风**：大气风压系统的分布对于全球降水分布有着重要的影响。

人类生活和气候

地球上的气候与人类的生活乃至生存息息相关。在地球漫长的历史中，气候发生了许多次从暖到冷、从湿到干的反复变化。一些猛烈且突然的气候变化曾经摧毁过一些物种和人类文明。如今，人类活动反过来对全球气候变化造成了巨大的影响，这些我们在不经意间造成的影响可能会持续许多个世纪。

热带气候

　　提到热带地区，我们通常想到的是位于北回归线和南回归线之间的地带。热带气候主要分为三种类型：热带雨林气候、热带季风气候和热带干湿季气候。

热带雨林气候

　　这类地区的年平均气温比较高，每个月的平均温度一般在25℃以上，而且年降水量往往超过2 000毫米。持续的高温和丰沛的降雨使得这里形成了物种极其丰富的热带雨林。热带雨林气候只能出现在海拔1 000米以下的地区，大约覆盖了地球陆地面积的10%。

热带季风气候

　　东南亚、印度以及澳大利亚部分地区表现为热带季风气候，有周期性的降雨和干旱的交替出现。在夏季，潮湿、不稳定的空气从海洋向陆地流动，有利于形成降水。在冬季，由于大陆干燥的风吹向海洋，情况则恰好相反。

热带干湿季气候

　　热带干湿季气候有时也被称为"热带草原气候"。它与热带雨林气候只有一点细微的差别，即前者的年平均气温略低，有明显的季节性降水，夏季湿润，冬季干旱。一般来说，该地区所在的纬度越高，旱季越长，雨季越短。

▲ 落叶森林

▲ 热带雨林是热带雨林气候的特征之一

干旱与湿润

　　气候学家定义干旱的气候条件是，年降水量小于蒸发引起的潜在水分损失，也就是说，从字面上讲，这些地方的蓄水量一年比一年更少。世界上的干旱地区面积约为 4 200 万平方千米，约占地球陆地面积的 30%。

干旱与半干旱气候

　　干旱气候又可分为两种亚型：干旱气候（副热带沙漠气候）和半干旱气候（草原气候）。在气候干旱且靠近赤道的地区，阳光照射强烈，夏季天气炎热，降水很少，最典型的例子是撒哈拉沙漠、阿拉伯沙漠和澳大利亚沙漠等。在纬度稍高的地方，干旱与半干旱气候的形成往往是深处内陆，自海洋出发的暖湿气团被山脉阻挡所致。这里的极端干旱地区形成了大片荒漠，而略有降水的地区则形成了草原。

暖温带

　　暖温带是指冬季较暖和的中纬度气候带，年平均温度在 8 ~ 13℃。暖温带的气候可分为副热带湿润气候、地中海气候和西海岸海洋气候。

● 副热带湿润气候

中国东部、美国东南部以及澳大利亚东海岸表现为这一气候亚型。夏季一般湿热难耐，白天气温在 30℃ 以上。冬季虽然气温比较温和，但经常出现霜冻，偶尔亦有降雪。年降水量通常超过 1 000 毫米。

● 地中海气候

夏季干燥炎热，冬季温和，是地中海气候的写照。这一气候带绵延于南欧、近东和北非这些人口稠密的地区，水分充足，植被和土壤类型繁多。地中海地区、美国加利福尼亚州南部以及澳大利亚西部均表现为典型的地中海气候。

● 西海岸海洋气候

西海岸海洋气候更靠近两极，夏季凉爽，而冬季虽然寒冷且降水较多，但很少形成霜冻。欧洲北部、美国西北、加拿大和智利南部等地区均受到这一气候带的影响。

▲ 沙漠的气候分为干旱或半干旱气候

世界干旱之最

智利的阿塔卡马沙漠是地球上最干燥的地方，其中平均年降雨量最大的地点也只有每年 3 毫米。而在智利与秘鲁边境附近的一个沿海小镇阿里卡，平均年降水量竟然不到 0.5 毫米！

大陆性气候和极地气候

大陆性气候

大陆性气候，是指冬季寒冷的中纬度气候带，即冷温带的气候。这里是热带气团和极地气团的"战场"，其他的气候带都未表现出如此迅速的、非周期性的天气变化。大陆性气候又可分为大陆性湿润气候和副极地气候。

● 大陆性湿润气候

美国中部以北至加拿大南部、俄罗斯和欧洲的大部分地区，以及中国北部，都表现出典型的大陆性湿润气候。这种气候带的冬季与夏季的气温对比强烈，夏季通常降水更多。

● 副极地气候

副极地气候以漫长的冬季和短暂的夏季著称。同时，由于对应着北方针叶林地区，它又被称为"针叶林气候"。这一气候带的降水很少，抵达地面的降水大部分以降雪的形式落下，空气湿度很小。美国阿拉斯加地区以及俄罗斯西伯利亚地区都属于这种气候类型。

▲ 副极地气候地区的冬天既漫长又寒冷

极地气候

极地气候带是地球上年平均气温最低的地区，每年最热月份的平均温度在10℃以下。它素以短暂的夏天和漫长严酷的冬天闻名，全年温差极大。极地气候又可细分为冰原气候和苔原气候。

● 冰原气候

由于一年中的月平均温度均低于冰点，冰原气候地区终年为冰雪覆盖，植被在这里无法生长。冰原气候覆盖的面积超过1 550万平方千米，约占地球陆地面积的9%。格陵兰岛的大部分地区和南极洲都属于冰原气候。这一气候区域的年平均气温极低，而永久性冰原和高海拔等因素又进一步降低了该区域的气温。

● 苔原气候

苔原气候覆盖了北极群岛、冰岛北部和格陵兰岛南部，这里的气温在夏天可上升至10℃左右。苔原地区没有树木，但有大量的草、苔藓和地衣。一旦进入短暂的夏季，休眠的植物会迅速醒来，生长、成熟并结籽，呈现出一派生机勃勃的景象。许多野生鸟类被吸引来此处觅食，并赶在冬天到来之前，向南方迁徙。苔原地区冬季严寒，夏季凉爽，全年温差极大。这里的年降水量很少，最大降水量一般出现在夏季。

▼ 陆地和海洋生物的种类因气候不同而有所差异

▲ 荒凉空寂的极地荒漠

气候变化

　　和天气不同，气候需要很长的时间才会出现变化。气候变化是个缓慢的过程，可能经过几百年才发生。地球地轴的倾斜、构造板块的运动和火山的突然喷发都会导致气候变化。

高原气候

　　高原气候并非是全球气候带分类中的基本类型。高原气候与低地气候有着明显的差异，而且在小面积的区域内表现出非常多样的气候特征，这使得它难于被分类。除了最重要的所在纬度和高度，山脉的坡度及其方向、开阔度、风向等都会对这种气候的形成产生一定影响。

大冰期

地球如今看上去与它近 100 万年前的样子截然不同。地球上的气候经历了漫长的演变。在近 11 000 年前，地球第四纪冰河时期进入一次间冰期（interglacial period）。在之前寒冷的冰期里，欧洲、北美与西伯利亚，当然也包括南极大陆，都被大型的冰盖所覆盖。所谓"间冰期"是指冰期与冰期之间短暂、温暖的一段时期。

解释大冰期的理论

尽管目前尚没有完全令人满意的理论能解释地球的大冰期，但科学家已经就其中几个重要的影响因素形成了共识。板块构造能在较大的时间尺度上影响冰期的出现，影响地球轨道力学的要素可以在中等时间尺度上影响冰期与间冰期的轮回，太阳活动、火山喷发、大气组成等因素可以在较小时间尺度上影响冰期与间冰期的交替。

板块运动的影响

板块运动造成地球表面海洋和陆地位置的变动，这会影响风、洋流、气流，造成地球能量收支上的改变。不仅如此，大陆板块的运动从时间尺度上与地球上的历次大冰期恰好匹配。举例来说，巴拿马地峡约在 300 万年前形成，它的形成切断了大西洋与太平洋的热带海水交换，这一变化可能是启动第四纪大冰期的原因。

地球自转的影响

由于地轴的倾斜角度会发生变化，阳光照射在地球上的位置也会随之改变。地轴的倾斜角度越大，产生的变化就越大。这会影响与温度和阳光强度有关的季节特征，以及季节的起止时间。地轴倾斜度的变化每 41 000 年发生一次。

地球倾斜度的变化以及由此产生的摇摆，还会改变地球围绕太阳运行的椭圆形轨道上的位置。这种现象称为"岁差"，每 23 000 年发生一次。塞尔维亚地球物理学家、天文学家米卢廷·米兰科维奇（Milutin milankovitch）提出，过去数百万年中地球轨道的变化与地球上冰期出现的时间有着密切的关系。该理论又被称为"米兰科维奇循环"。

什么是大冰期？

大冰期是指地球大气和地表长期处于低温状态，从而导致极地和山地冰盖大幅扩展，甚至覆盖整个大陆的时期。大冰期又分为数次冰期与间冰期。地球自诞生以来至少经历过 5 次大冰期，每一次冰期可以持续 7 万～9 万年之久，而间冰期一般只有 1 万～3 万年。距离我们最近一次冰期结束于近 11 000 年前。　冰岛境内的冰川潟湖 ▶

第四纪

第四纪包括更新世和全新世，始自258万年前，一直延续至今。在第四纪里，南极大陆与格陵兰岛形成了永久性冰盖，亚欧大陆北部与北美洲北部也出现了面积广大的大陆冰盖，世界高纬度或高海拔地区则广泛出现了山岳冰川。我们现在正处于一个始于11 000年前的间冰期，由于酷寒气候有所缓和，末次冰期的冰盖有所消退，大概仅占据10%的陆地面积。

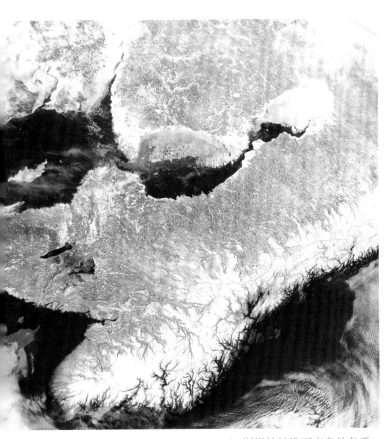

▲ 斯堪的纳维亚半岛的冬季

通向文明的桥梁

更新世是冰川作用活跃的时期，因此，一些科学家又把更新世称为"冰川世"。在更新世几次冰期的最高峰，全球陆地面积的30%以上都覆盖着冰川。冰川的前进和退缩，形成了寒冷的冰期和温暖的间冰期的多次交替，并导致海平面的大幅度升降、气候带的转移和动荡，以及生物的迁徙或绝灭。这些事件对早期人类文明的发展产生过巨大的影响。

第四纪大冰期的生命演化

相比于哺乳动物大量出现的新近纪，第四纪新出现的物种并不多，而且此时的生物群已非常接近现代的形态。大约在200万年前，早期人类出现在非洲，以原始石器作为工具。大约在70万年前，现代人与尼安德特人的共同遗传祖先出现。

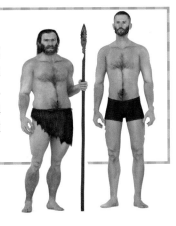

有趣的事实
早期人类在第四纪初时出现在非洲，因此这个时期又被称为"人类时代"，它是人类及其物质文明形成和发展的时代。

旧石器时代

旧石器时代是石器时代的早期阶段，一般划定此时期为260万~1.2万年前（农业文明的出现）。地质时代属于第三纪的上新世晚期至第四纪的更新世。旧石器时代的人类通常以原始族群的形式聚居在一起，并通过采集植物和猎取野生动物为生。在旧石器时代后期（特别是中晚期），人类开始了最早的艺术创作，并开始涉足宗教和精神领域，如葬礼和仪式。

▲ 生活在大冰期的猛犸象

全球变暖

　　"全球变暖"这一术语描述的是一种目前正在地球上发生的气候变化，地球的大气和海洋的温度出现了快速的上升。据科学家研究，人类影响极有可能是 20 世纪中叶以来观测到的全球变暖现象的主要原因。

全球变暖的原因

　　几乎所有的气候学家都认为地球近年来已经变暖。而且，科学界认为人为排放的温室气体是全球变暖的主因。在向地球大气层排放二氧化碳及甲烷，而其他因素不变的状态下，这会促使地球升温。温室气体可以产生天然的温室效应。如果没有温室气体，地球温度会比现在低 30℃，地球将不再适合人类居住。

▲ 全球变暖被认为威胁到了人类在地球上的生存

人类对于全球变暖的影响

　　数据显示，地球大气层中一氧化二氮、二氧化碳、甲烷的含量相比于 18 世纪中叶工业革命开始时有大幅的增长，这些增长主要源于人类的活动。燃烧化石燃料、清理林木和耕作等都进一步加强了温室效应。

　　自工业革命开始，大气中二氧化碳的含量就急剧增加，尽管植物的光合作用吸收了很大一部分二氧化碳，而且海洋也可溶解一部分二氧化碳并固定成碳酸钙。但美国弗吉尼亚大学和英国东英吉利大学联合研究的结果显示，20 世纪后半叶，全球温度上升的趋势非常明显。

全球变暖的后果

　　全球变暖对于地球环境和人类生活影响深远。它所产生的具体影响包括极端气象加剧、海平面上升、海水酸化、冰川消融、生态系统受损、森林火灾频发等等。单就海水酸化一项来说，后果已不容小觑。海水在吸收大量二氧化碳的同时，相应形成的碳酸已经使海水的平均 pH 值下降了 0.1，这一变化可能对珊瑚以及贝类生物造成致命影响。据统计，自 1998 年以来，世界上已有 16% 的造礁珊瑚因为白化现象而死亡，所谓"白化现象"是在遭受环境剧烈改变的压力时，珊瑚因失去共生藻而变白的现象。

温室效应

　　温室效应指的是地球大气保持热量不致散失的作用。众所周知，没有云层的大气层对于入射的太阳短波辐射几乎是透明的，因此太阳散发的热量得以到达地表。同时，地球表面放出的长波辐射可以被大气层中的水汽、二氧化碳和其他微量气体吸收。

　　地球大气的这一特性使得地球上的气温更适宜于生命的存在。在少数偏激的报道中，媒体错误地把"温室效应"当作全球变暖的"罪魁祸首"，然而如果没有了温室效应，地球表面温度的大起大落将使得人类无法生存。

温室效应 ▶

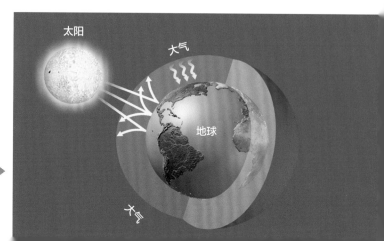

地球上的生命

    地球与太阳系其他行星的不同之处是，地球上存在生命。在陆地、海洋和天空中，处处皆可看到生命的迹象。大气圈里有鸟类和昆虫在飞翔，水圈里有大型哺乳动物、各种鱼类和水生植物，而人类、陆生植物和动物则在岩石圈上生存繁衍。

    地球是球形的，因此正如岩石圈、大气圈和水圈一样，人们在描述生态系统时也使用了这个"圈"字，即"生物圈"。英国地质学家、生物学家爱德华·修斯（Eduard Suess）在1875年首次使用了这一名词，用来指代"地球上有生命活动的地方"。生物圈与其他的圈层是相互重叠的，它以生命和生命所处的环境为研究对象。

生命的起源

在生命出现之前，地球上遍布坚硬的岩石，火山爆发所释放的气体形成了次生大气。雨水注入盆地形成了海洋，海水中并不具有像现在这样丰富的矿物质。次生大气的主要成分是二氧化碳、氮气、水汽、二氧化硫和一氧化碳。此时的地球和其他行星一样，贫瘠荒凉，不适合生命生存。然而，伴随着各种条件的相互作用，生物圈慢慢地形成了。

发展出光合作用

一些古原核生物演化出利用二氧化碳制造有机物的能力。例如，含有叶绿素的蓝藻，可以进行生产氧气的光合作用，并制造出一些简单的碳水化合物。光合作用向大气中释放氧气，上层大气中的氧气在太阳发出的紫外线的作用下形成臭氧层。臭氧层吸收了大量的有害辐射，使得地球更适宜于生命的存在。好氧细菌开始大量繁殖，直到原核生物的数量多到足以让生物圈产生质的变化。

真核细胞出现

在大约18.5亿年前，含有真正的细胞核以及线粒体、叶绿体、高尔基体等细胞器的真核细胞出现了。真核细胞体积通常远大于原核细胞，约达后者的1万倍，其内部有各种内膜结构构成的内膜系统。真核生物的细胞分裂过程与没有细胞核的原核生物有很大的不同。另外，许多真核生物长有细长且能运动的突起，这种突起被称为"鞭毛"，具有运动、感觉和摄食等多种功能。

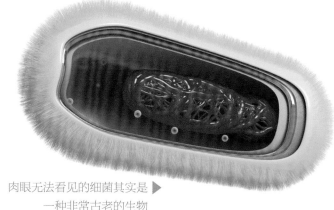

肉眼无法看见的细菌其实是▶
一种非常古老的生物

食物链中的分解者

单细胞和多细胞生物，如细菌和古原核生物，就是在这个阶段进化出来的。这些生物以及部分动植物是分解者，在生物圈中负责进行分解过程。这促进了食物链的发展。

▲ 借助当前的动植物展示的食物链

最早的食物链相当简单。分解者负责分解动植物的遗体，将营养释放到它们所在地的土壤或水中。这些营养被正在生长的生物摄取。于是，生物圈变成了生物体通过自身的生命过程彼此支持和调控的系统。

古原核生物

生物圈的起源可追溯到35亿年前，地球上最早的生命就是在这时诞生的。我们将这些早期生命称为"原核生物"，而且迄今我们仍用它来指代没有染色体，没有被核膜包裹的成型细胞核的生物。大部分"原核生物"是单细胞生物，据推测它们可以不依靠氧气生存，因为当时的地球大气中并没有氧气。

生命的构造模块

生物圈是指地球上所有生态系统的整体，是地球的一个外层圈。它包括地球上有生命存在其中和由生命过程转化的空气、陆地、岩石圈和水。生物圈的范围大概是海平面上下 10 千米。地球的生物圈是一个封闭且能自我调控的系统。

建构生命的基本模块

地球上的天然元素中，大约有 11 种元素在生物体中的比例超过微量（0.01% 或更少）。构成生物体的主要元素是碳、氢、氧、氮、硫和磷。这些元素相互结合，形成建构生命的基本模块，如碳水化合物、蛋白质、脂质和氨基酸等。

碳

有机物质中最主要的化学元素是碳，碳原子的特点是有很强的结合能力。碳可以形成 3 个原子的简单分子（二氧化碳），也可以形成有数千个原子，可以储存信息的长链（核酸）。

生物体的基本代谢及其他许多内部机能都和化学反应有关，可以说，它其实是一个半封闭的化学系统。因此，碳的这种性质有利于生物体与外部环境实现能量交换。

▲ 碳原子的结合能力非常强，可以互相结合成碳链或碳环

脱氧核糖核酸（DNA）

DNA 是生物体内最重要的高分子之一，其他的高分子类型包括蛋白质、碳水化合物和脂质等。脱氧核糖核酸是一种由核苷酸重复排列组成的长链聚合物，其中储存着大量生物体的遗传密码。通常情况下，两条脱氧核糖核苷酸链互相配对并紧密结合，如藤蔓般地缠绕成双螺旋结构。生物个体在成长和繁衍过程中必须要由 DNA 参与细胞分裂及复制的过程，才能将与亲代相同的遗传信息传递下去。

细胞

细胞是生物体结构和功能的基本单位。它是除了病毒之外所有具有完整生命力的生物的最小单位，因此又被称为"生命的积木"。生物界由两种细胞构成：原核细胞和真核细胞。地球上的生命最先演化成原核细胞，真核细胞大约在 18.5 亿年前才出现。原核细胞和真核细胞的最大区别在于真核细胞内包含有以核膜为界限的细胞核，即遗传物质 DNA 的所在地。

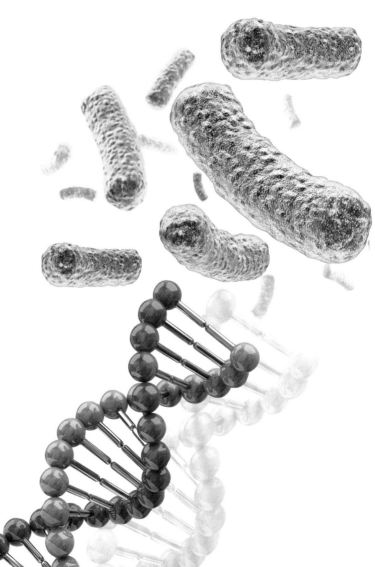

单细胞生物和多细胞生物

在英语中，"生物多样性"（biodiversity）由"生物的"（biological）和"多样性"（diversity）这两个词组合而成。它被用来描述存在于地球上的生命类型的丰富特性。也就是说，生活在地球上的植物、动物、真菌和微生物物种共同构成了地球的生物多样性。

单细胞生物

单细胞生物由单个细胞组成，而且经常会聚集成为细胞集落。这类生物可以独立完成新陈代谢及繁殖等活动。单细胞生物包括所有古细菌和真细菌，以及很多其他原生生物。

● **细菌**：细菌非常小，直径或许只有千分之一毫米，不用显微镜很难看得到它们。细菌细胞一般是单细胞，细胞结构简单，缺乏细胞核以及线粒体和叶绿体等细胞器。用于帮助移动的鞭毛对它们而言可有可无。

细菌是原核生物中的一种，它又被称为"真细菌"，以便与另一类被称为"古细菌"的原核生物相区别。古细菌与真细菌在生活环境、营养方式以及遗传上有所不同。细菌的形状相当多样，主要有球状、杆状，以及螺旋状。

● **原生动物**：原生动物是动物界中最低级、最原始、最简单的一类动物，身体由单个细胞构成，可以自由运动，也可寄生在其他动物体内。

原生动物能完成运动、摄食、呼吸、排泄、生殖等生活机能，这些机能都是通过适应性进化发展出来的。一些原生动物可利用伪足移动，并将食物摄入体内。

▲ 阿米巴原虫是一种原生动物

● **酵母菌**：这是一类单细胞真菌。酵母菌被人类用于酒精发酵或面包烘培。此类真菌的细胞结构类似于植物细胞，但是没有叶绿体，因此必须从糖分中吸取养分。酵母细胞明显比大多数细菌大，目前已经发现了1 500多种酵母菌。

▼ 显微镜下的酵母菌细胞

多细胞生物

在生物进化史上，多细胞生物的出现是一个重大事件。随后，有性生殖的出现，加快了物种演化的进程。多细胞生物出现了细胞分化，细胞分化后执行不同功能，各种细胞之间相互依赖，更加适应环境。至今发现的最早的多细胞生物，是12亿年前中元古代延展纪时期的一种红藻。由于臭氧层尚未形成，当时大部分的生命出现在海中或湖中。我们用肉眼可见的生物基本上都是多细胞生物。

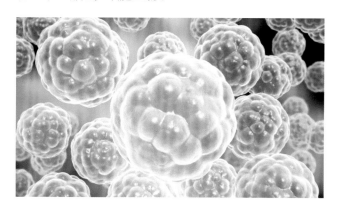

真菌

除了酵母菌，绝大多数真菌是多细胞生物。真菌不能自己制造食物，因为它们没有叶绿体。它们的营养来自可以自己制造食物的植物和类似植物的其他生物。某些真菌与藻类共同生活，藻类为这些真菌制造食物。

▲ 大量生活在水中的原生生物在水面上形成了某种纹理

早期生物体

随着真核细胞的发育，每个细胞分化出了可以单独完成某项任务的能力，并产生了分工。很快，许多真核细胞聚集到一起形成了多细胞生物，例如水生生物古团藻（Volvox）。

软体动物

最早的多细胞生物，如腔肠动物和海绵，拥有柔软的身体，生活在大海中。腔肠动物的躯干大多呈辐射对称状，固定在一个地方生活。它们的身体只有一个口部，那里既是食物的入口，又是排泄的肛门。海绵则已进化出具有支持作用的针状骨骼，其构成成分是胶原蛋白、碳酸钙和二氧化硅等。这些软体动物由数以万计的真核细胞构成，但尚未形成真正意义上的组织和器官。

脊椎动物

最早的脊椎动物出现在 5.2 亿年前。脊椎起到支撑身体的作用，因此脊椎动物可以比无脊椎的软体动物长得更大，也更为强壮。脊椎动物已经发展出比较完善的感觉器官、运动器官和高度分化的神经系统。

腔棘鱼

现代的腔棘鱼生活在非洲附近海域。它最早出现在 4 亿年前，其体内出现的脊索被看作是脊椎的前身。人们一度以为腔棘鱼在 6 500 万年前已经灭绝，但是在 1938 年，有人打捞到了腔棘鱼的活体。因此，人们又将它称为"活化石"。腔棘鱼长有肉质的胸鳍及臀鳍，被认为是鱼类向两栖类进化的重要生物证据。

节肢动物

节肢动物以分节的肢体为特征，它的体表覆盖着有如骨骼般坚硬的外壳，因此它又被称为"外骨骼动物"。生长在身体外部的"骨骼"限制了节肢动物的体型，它必须要经历蜕皮的阶段将旧的外骨骼脱掉，才能继续长大。最早的节肢动物在 4.5 亿年前就来到了陆地，它们是甲壳动物、蜘蛛、蜈蚣以及其他各种昆虫的祖先。

两栖动物

最早的两栖动物据说由某种与腔棘鱼相似的鱼类进化而来。地球生物第一次从海洋向陆地迁移的尝试发生在大约 3.9 亿年前。它是今天的爬行动物、鸟类和哺乳动物的祖先。两栖动物的幼体要在水中生活，用鳃进行呼吸，在长大后便转为用肺兼皮肤呼吸。两栖动物是卵生的，靠四肢活动。远在两栖动物爬上陆地之前，原始植物已经完成了这种迁移。这些植物长在水边，与真菌共生。

聪明的哺乳动物

恐龙在白垩纪灭亡之后，哺乳动物逐渐发展为地球上最为兴旺的物种。哺乳动物的身体结构复杂，有区别于其他类群的大脑结构、恒温和循环系统，具有哺乳后代，大多数属于胎生，具有毛囊和汗腺等共通的外在特征。所有哺乳动物都是脊椎动物，而人类是出现得最晚同时也最聪明的哺乳动物。

哺乳动物的多样性

哺乳动物在动物界里是多样化程度最高的一类。它们的身体结构可以根据生存环境的不同而高度特化。最大的哺乳动物蓝鲸的体重（150 吨）差不多是最小的凹脸蝠（2 克）的 7 000 多万倍。它们的外形也是千奇百怪。例如长颈鹿进化出了 2 米多长的脖子和能从嘴里伸出 45 厘米的舌头；大象有一条像人手一样灵活的鼻子；海豚长得像鱼一样；蝙蝠为了在空中飞翔，进化出像鸟类一样的翅膀。

哺乳动物的新生幼崽

哺乳动物刚出生时是非常虚弱的，一些幼崽紧闭着双眼，而另一些幼崽还不会走路。它们必须一边成长，一边学习这些基本的生存技能。

哺乳动物在年幼时以母亲的乳汁为食。所有雌性哺乳动物都长有能够分泌乳汁的乳腺。分泌乳汁并哺育幼崽是哺乳动物独有的特性。哺乳动物的幼崽在成长过程中逐步学习进食其父母吃的食物。

进食习惯

幼崽一旦长出牙齿，就会开始吃草、树叶或肉等固体食物。公狼在捕猎之后，将肉撕碎后再吐出来喂给幼崽。小狼崽从用碎肉玩耍开始，逐渐尝试它的味道。长大后的幼崽在适应了父母的饮食之后，便不会再喝奶了。

▲ 一只正在学习吃肉的小狮子

学习能力

多数哺乳动物具备适应能力强、智能较高、行为复杂，具备一定的学习能力的特点，因此能表现出许多社会化行为。幼崽一般跟随父母学习走路、进食、捕猎等技能。在母熊寻找浆果和捕鱼时，熊崽在一旁观察、模仿并最终掌握其中的诀窍。一般来说，植食性动物比肉食性动物表现出更多的社会化倾向。

粘在妈妈身边

大多数哺乳动物的幼崽在出生后必须形影不离地待在母亲（或父亲）身边，因为它们太过弱小，无法独立完成任何事情。袋鼠幼崽在刚生下来时只有人的拇指那么大，必须待在母亲肚子上的育儿袋里。几

▲ 袋鼠母亲和育儿袋里的幼崽

周之后，袋鼠幼崽能够从育儿袋里探出头张望。再过几周，它可以到外面待一小会儿，但在感到害怕或疲倦时仍会回到育儿袋里。直到 6~8 个月大时，它才不再依赖育儿袋，整日跟在母亲身边。

冷血的爬行动物

　　大多数的爬行动物全身覆盖着鳞片。它们的幼体从卵中孵化。爬行动物是变温动物（俗称冷血动物），这意味着它只能有限地调节自己的体温，要依靠环境来吸收或散发身体的热量，因此相对于恒温动物，它们的适应力更弱一些。

　　当外界环境的温度升高时，变温动物的代谢率会随之升高，体温也逐渐上升，它们便被动地离开不利的环境；当外界环境的温度降低时，变温动物的代谢率也会随之降低，体温也逐渐下降，所以它们或是通过移向日光下取暖来提高体温，或是钻进地下、洞穴中进行冬眠，或是游向温暖水域，或是进行夏眠。

产卵

捕食者很难发现被
埋在沙中的海龟卵 ▶

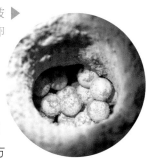

　　海龟、蛇、蜥蜴和鳄鱼都属于爬行动物。大部分的爬行动物是卵生动物，尽管没有像哺乳动物那样密切的亲子关系，但父母们也会想方设法为孩子们提供保护。短吻鳄产卵后会留在附近看守一段时间，在幼鳄出世之后仍会照顾它们。海龟在沙滩上挖洞，将卵产在洞里，在离开之前，它们会用小树枝或沙子填埋洞口，以免被其他动物发现。

　　爬行动物的卵主要靠阳光或落叶等有机物质产生的热量孵化。有意思的是，对于一些爬行动物来说，孵化时的温度可以影响出生的幼体的性别。

蜕皮

　　蛇和蜥蜴等爬行动物会蜕皮。蛇在生长的过程中，旧皮逐渐成为其身体的束缚。此时，它们会在旧皮下面长出新皮。对于蛇来说，它们一生中要经历多次蜕皮。在要蜕皮之前，蛇会停止饮食并躲在某个安全的地方。它们用嘴部摩擦粗糙的地表，令旧皮开裂。当它们在光滑的岩石和坚硬的树枝之间爬行时，旧皮就会裂开并剥落下来。蛇类蜕皮的主要目的是为了成长，但同时亦能去除身上的寄生物。

蜕皮和断尾

爬行动物的表皮是皮肤的角质化产物，没有活的细胞，不能随动物个体生长而生长。只有蜕掉原来的表皮鳞被，个体才能长出新的表皮，以适应其不断长大的躯体。

但是，不同种类的爬行动物一生中蜕皮的次数和方式是有差别的。蛇一般是将皮整体蜕下，而蜥蜴类则是成片地蜕皮，龟鳖类和鳄类则无定期蜕皮的规律，通常是以不断更新的方式进行的。

蜥蜴在进化中发展出多种避险行为，例如用毒、断尾、伪装等。壁虎的尾巴甚至在断掉之后还会不断摇摆，以吸引天敌的注意力。

呼吸器官——肺

　　所有的爬行动物都用肺呼吸。有意思的是，各种爬行动物完成肺部换气的方式并不相同。有些蛇类受限于肺部相联结的肌肉，在激烈的移动中必须停止呼吸。然而，巨蜥以及其他一些蜥蜴物种在喉咙肌肉的帮助下，可以在激烈运动中为肺部完全充气，持续进行有氧呼吸。

鳄鱼则通过与哺乳类动物相似的肌肉横膈膜，在呼吸时使肝的位置下降，以腾出空间使肺获得更多氧气。

▼ 挂在树枝上的蛇蜕

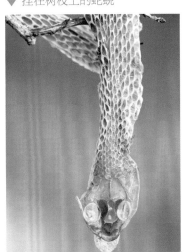

适应性强的两栖动物

　　既能在陆地上生活又能在水中生活的动物被称为"两栖动物"。两栖动物属于脊椎动物，它们的卵没有卵壳。科学家认为两栖动物是第一批从海洋来到陆地的脊椎动物，哺乳动物和爬行动物都是从两栖动物发展而来的。两栖动物包括蟾蜍、蛙和蝾螈等。

彻底的改变和成长

　　两栖动物会在成长过程中发生彻底的改变。以青蛙为例，雌性青蛙将卵产在适合的水体里，卵在水中孵化成蝌蚪。蝌蚪在形态上与鱼相似，用鳃呼吸，依靠尾鳍游泳。

　　蝌蚪在成长中逐渐失去鳃并发育出肺，身体也逐渐分化为头、躯干、尾和四肢4个部分。随后，它的皮肤发展为可以交换气体的器官，有些种类还将脱去尾巴。此时，它已经可以生活在陆地上。这种发育过程被称为"变态发育"，因为它在从幼体长为成体时完全改变了形态。

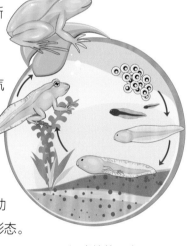

▲ 青蛙的一生

蟾蜍和蛙

　　乍看之下，你也许无法区分蟾蜍和蛙。它们有相似的身体结构，即眼睛都长在头的顶端，而且都没有尾巴。蟾蜍一般在耳后长有产生毒性分泌物的毒腺，皮肤触感粗糙。相对而言，蛙体形较苗条，皮肤也较为光滑，通过将可伸展的舌头弹出口腔来捕捉猎物。由于没有咀嚼功能，蛙类往往将猎物整个吞进食道，并在黏液的帮助下送入特别大的胃部。

▲ 蛙类的皮肤具有呼吸的功能

蝾螈

　　蝾螈的个体在长成后不会脱去尾巴。无论是陆栖蝾螈还是水栖蝾螈，它们都喜欢潮湿的生存环境。蝾螈还具有休眠的习性。在寒冷地区，蝾螈在冬天冬眠；在温暖地区，如果气候干旱燥热，它们就进行夏眠。有的蝾螈皮肤有毒，体表呈现警戒色，还有些蝾螈在遭到攻击时能自动脱落尾巴迷惑敌人，趁机逃生。

蚓螈

▼ 蚓螈看上去像大号的蠕虫

　　蚓螈的外表很像蠕虫，这个类群中体型较大的物种则看上去与蛇相近。和蠕虫或者蛇一样，蚓螈没有腿，它们的四肢已经退化了。蚓螈拥有细长的身体。它们的皮肤盖住了眼睛，说明这些动物是半盲或者全盲的。蚓螈喜欢藏在地下或生活在水中。

披着羽毛的鸟类

鸟类是两足温血动物，同时也是脊椎动物，身体上覆盖着羽毛，产卵繁殖。它们具有坚硬的喙和流线型的身躯，其前肢进化成翅膀，后肢可完成行走、跳跃等动作。它们的食物多种多样，包括植物的花蜜、种子、果实，昆虫，鱼以及动物的蛋等。鸟类由恐龙进化而来，因此有人将它们称为地球上"最后的恐龙"。

特征

鸟类是温血脊椎动物，没有前肢，而是有一对让它们可以飞翔的翅膀。所有鸟类都有敏锐的视力，这种特征能为它们提供关于周围环境的信息。然而，它们的嗅觉和听觉不如视觉敏锐。

▼ 鸟类有坚硬的喙，但却没有牙齿

羽毛

鸟身上有数千枚羽毛。鸟类的羽毛在体表形成隔热层，有助于保持体温。鸟类羽毛的颜色和斑纹还可以起到保护色的作用。鸟类经常修整它的羽毛以保持清洁，方法有用喙整理涂油、水浴、尘浴、日光浴等。鸟类有定期换羽的习性，有些已经失去飞行能力的鸟类仍然保持着这一习性。

从卵中孵出

鸟类通过产卵实现繁殖。卵在产下之后，亲鸟需要用体温来帮助完成孵化。有些热带地区的鸟类将卵产在盛有大量枯叶的土坑里，利用有机物质发酵产生的热量将卵孵化。杜鹃则会把自己的卵混在其他鸟类的巢中，由它们完成孵卵的工作。

鸟类的卵有坚硬的外壳，而且可以为在其中发育的雏鸟提供全部所需的营养。即将出世的雏鸟的头比身体大，双眼紧闭，一旦时机成熟，它就会用喙敲开鸟卵，破壳而出。

亲子时光

大多数雏鸟都极为孱弱，它们通常待在巢中，双眼紧闭。此时，它们的身体还没有长出羽毛，双腿虚弱得无法长时间站立。亲鸟会轮班捕捉虫子之类的食物，喂养自己的雏鸟。

然而，有些鸟类的雏鸟在破壳时就已睁开双眼，而且在几分钟之后就能离开鸟巢，例如火烈鸟、鸭、鸡和鹅。它们紧紧跟随在母亲身边，等待着食物。

▲ 雄孔雀长着修长而美丽的羽毛，而雌孔雀的羽毛色彩较为暗淡，很不起眼

雏鸭会对母亲产生印随行为。无论其母亲去往任何地方，它们都会紧紧跟随，以便获取食物 ▶

靠鳍游泳的鱼

什么是鱼？鱼一般指生活在水里的脊柱动物。但是，海豚和鲸类是哺乳动物，而不是鱼。所以，严格地说，只有生活在水里并用鳃呼吸的脊柱动物才是鱼。大多数鱼类周身覆有鳞片，用鳍而非四肢在水中游动。

鱼鳍和鱼的感官

鱼在水中游动主要依靠身体和尾鳍的摆动，其他部位的鳍可以帮助控制方向。大多数鱼的鳍内长有骨质的刺，以增加硬度。胸鳍和腹鳍是成对的，并通过肩和髋的肌肉相连。背鳍、尾鳍和臀鳍则与脊椎相连。鱼有非常灵敏的嗅觉。鱼耳由封闭的液泡构成，一些鱼的鱼耳通过可动的骨头与它们的鱼鳔相连。鱼眼睛里的水晶体不可调节，因此它们只能看清近的东西。鱼的触觉非常好，唇和触须的上皮有丰富的感受触觉的细胞。另外，它们的身体侧面中部有一条由皮肤中的小坑组成的线，被称为"体侧线"，它可以感知到水流的变化。

▲ 鱼类靠它们的鳍在水中运动

用来呼吸的鳃

鳃一般位于鱼的咽部附近。鳃中有蛋白丝结构，其中的毛细血管负责交换氧气与二氧化碳。鱼通过嘴将含有氧气的水吸入鳃中，毛细血管中的血液与水流逆向流动，完成交换，最后将含氧量减少的水从鳃中排出。

黏乎乎的鱼卵

　　鱼类的产卵量一般很大，有时一次所产的卵可以达到成千上万颗。这是因为大多数鱼类没有护卵或护幼行为，而且鱼卵呈凝胶状，非常脆弱，只有极小比例的鱼卵最终可以成功孵化出幼鱼。这些鱼类为了确保种族的延续，不得不提高产卵的数目。一些鱼类的卵为黏胶性的物质包裹，可以黏附在水草或其他物体的表面上。这些卵含有丰富的蛋白质以及部分维生素和矿物质，能够为幼鱼提供充足的营养。

亲子时光

　　少数鱼类会表现出护卵及护幼的行为，例如雄鱼、雌鱼轮流昼夜守护鱼卵或幼鱼。慈鲷的亲鱼不仅会护卵，而且在卵孵化后还会将幼鱼含在口中保护。这也正是其名称中"慈"的由来。雌海马将卵产在雄性海马的育儿袋里，雄海马负责孵卵和保护初生的幼鱼。

▲ 小丑鱼将其有黏性且富有光泽的卵产在海底岩石上

多腿的节肢动物

　　节肢动物这一门类之中有极其丰富的物种，它们共同的特点是身体分节，体表的角质层（外骨骼）不随身体一起生长，需要经历蜕皮的阶段。节肢动物可细分为三个大类，即昆虫、蛛形动物和甲壳动物。一般来说，昆虫长有 6 条腿，蛛形动物长有 8 条腿，而螃蟹、龙虾等水中生物则被归入了甲壳动物。节肢动物这一门类包括几百万个物种，而每个物种均繁衍有数十亿只个体。也就是说，无论我们走到什么地方，我们总是可以看到节肢动物的存在。

6 条腿的昆虫

　　昆虫的身体没有内骨骼，体表的角质层像是骑士的甲胄一样有着保护作用。它的身体可分为头、胸、腹三个部分，并长有 6 条腿，头上长有复眼及一对触角。昆虫的各种感觉器官集中在头部。触角除了有触觉外，有时还会传递气味信息。昆虫的复眼由上千只小眼组成，每只小眼独立成像，再合成一副网格状的全像。昆虫的视觉对紫外线敏感，但它们并不能看到红光。

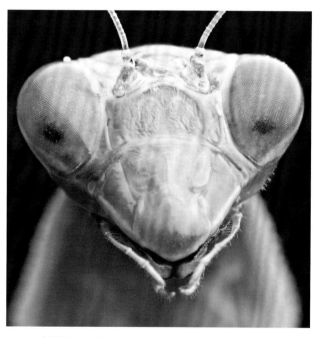

▲ 昆虫的头上长有一对触角

有趣的习性

昆虫的幼虫阶段，其实就是不断进食的阶段，而成虫的任务通常只有一个，就是生育繁殖，很多时候甚至不再进食。因此，幼虫期通常会长于成虫期。最好的例子是蜉蝣，它们的幼虫期长达几年，而成虫期只有一天。

▲ 所有蛛形动物都有 8 条腿

▲ 蜘蛛会织网，网就是它的家

8 条腿的蛛形动物

　　蜘蛛是典型的蛛形动物，蛛形动物还包括螨虫、盲蛛、蝎子和狼蛛等。它们的共同特征是都有 8 条腿。螨虫有小而圆的身体，而蝎子的身型较大且长有粗大的螯和长尾。有些蛛形动物的身体长毛，另一些则没有毛。与昆虫不同，蛛形动物没有复眼。大多数蛛形动物生活在陆地上，只有少数在水上生活或者进食。大部分蛛形纲动物是掠食动物，意味着它们以其他动物为食。

水中生活的甲壳动物

　　螃蟹、虾和龙虾都属于甲壳动物。与其他节肢动物不同的是，大多数甲壳类动物生活在水中，因此它们有适应水中生活的鳃。此外，它们通常长有两对触角。甲壳动物的繁殖方式是多种多样的，最简单的方式是将精子和卵子放到水中进行外部受精，但也有通过演变的外肢进行体内受精的。甲壳动物在成长过程中要经历多个幼体期，它们的幼体一般是典型的无节幼体，变成成体后才呈现出千差万别的形态。

螃蟹的前足末端演化为 ▶ 强壮的螯

植物的一生

  植物是地球上最常见的生命形态之一，它的分类十分复杂。就生活中常见的植物来说，我们可以将其粗略地分为被子植物、裸子植物和苔藓植物。被子植物就是俗称的开花植物，是现时地球上演化最先进及最具优势的植物种类。裸子植物的种子相对来说缺乏保护，而苔藓植物靠孢子而非种子实现繁衍。

从发芽到繁衍

  开花植物的一生是从种子开始的，历经幼年、成年、开花、结实、死亡等多个阶段。植物的种子会在适宜的条件（充足的营养、水分和阳光）下发

芽，逐渐长成幼苗。幼苗一边向上生长，一边向下长出根系，从土壤或水中获得更多营养。它的叶片在白天可以进行光合作用，将水与二氧化碳合成有机物，并释放出氧气。一旦走向成熟，它就会开花，花朵经授粉之后，可以结出果实。开花植物的种子就藏身在这些果实之中，一旦遇到合适的机会，它就将发芽、生长，开启新一轮生命的循环。

结出种子

  花是开花植物独有的特征。花一般可分为花萼、花瓣、雄蕊、雌蕊等多个部分，其中雌蕊最为重要，具有孕育果实的功能。雌蕊又可细分为柱头、花柱和子房。当雄蕊上的花粉通过风或昆虫被带至雌蕊的柱头上时，花粉可以通过花柱进入雌蕊根部的子房，令胚珠（卵细胞）受精，受精的胚珠产生种子。这个过程叫做"授精"。尽管大多数花朵是雌雄同体的，但开花植物发展出了许多机制来防止其自体受精。

传粉

  花萼多为绿色，起到保护花蕾的作用，而花瓣一般是白色或较鲜艳的颜色，且在构造上比较精致，可以吸引昆虫或鸟类等。花靠颜色、气味和花蜜等方式吸引传粉动物。除了传粉动物，这个过程也可以靠风、水等自然媒介来完成。

▲ 幼苗正在生长的茎和叶已经从土壤中露出

▲ 蜜蜂在采蜜时身上会粘上花粉颗粒

植物的繁殖

　　植物的繁殖既可以是有性的，也可以是无性的。开花是有性繁殖的重要方式，但不是唯一的方式，因此非开花植物也会进行有性生殖，而且开花植物也可能进行无性繁殖。进行有性繁殖的植物，如同动物一样，可以产生雄性生殖细胞和雌性生殖细胞。

昆虫授粉的花

　　由昆虫授粉的花具有以下特征：

- 拥有明亮、鲜艳的花瓣。它们散发出沁人的香味，并分泌花蜜。
- 花粉颗粒有易黏附性，可以轻易地粘在昆虫的身体上。
- 雄蕊和雌蕊长在花朵之内。当昆虫落入花中时，昆虫的身体很容易与雄蕊的花药和雌蕊的柱头发生摩擦，实现授粉的过程。
- 花粉颗粒的传播效率高，损失很少，因此只产生少量的花粉颗粒。

不可或缺的授粉

植物的无性生殖不需要进行授粉，也就是说，不必通过生殖细胞的结合。无性生殖的速度往往比有性生殖快得多，母体细胞在分裂后便可以直接产生出新的个体。然而，由于基因没有变化，采取这种生殖方式的植物常常会因为其后代无法适应新环境而灭绝。授粉是有性生殖的核心环节，植物通过采取这种更加高级的繁殖方式，保证了整个物种的延绵不绝。

植物的雄性和雌性器官

　　雄蕊就是开花植物的雄性器官。它可以分为花丝和花药两部分，负责制造花粉。雌蕊是开花植物的雌性器官，其中含有胚珠（植物的卵细胞）。在授粉完成之后，雌蕊子房中的胚珠与花粉中的雄性配子结合形成受精卵，发育出种子的胚胎。

风授粉的花

　　由风授粉的花具有以下特征：

- 花瓣小且色彩沉闷，多为绿色或棕色，没有香味和花蜜，因为这类植物不需要吸引传粉动物。
- 花粉颗粒很轻，能够轻易地被风吹走。花粉颗粒有着光滑的质地，这是为了避免彼此黏结成团。
- 雄蕊和雌蕊伸出花朵之外，以便捕捉来自其他植株的花粉颗粒。
- 产生大量的花粉。这是因为并不是所有被风吹走的花粉都能幸运地完成授粉。

种子的扩散

　　森林是怎么形成的？地球上的植物当然不可能是由人类一一栽种的。种子会自动地扩散。有的种子甚至可能移动到不同的地貌环境里。植物的种子需要找到新的生长地点，因为它们不能在母株附近生长，那样的话无法获得足够的阳光和水分。这个过程被称为"种子的扩散"。植物的种子有几种不同的扩散方式。

风

　　有些种子非常小而且轻。为了更有利于扩散，它们发展出了独特的形态，例如翅膀状的薄膜结构或蓬松的片层结构。槭树的种子是典型的有翅种子。蒲公英和马利筋的种子轻盈蓬松。它们都可以更好地借助风力。槭树种子可以被吹到距离母株 100 多米的地方，蒲公英和马利筋的种子在落地之前则有可能已飘出了数万米。

▲ 蒲公英的种子正在脱离它的花朵

水

　　在水岸附近生长的植物往往借助水力来扩散它的种子。例如，椰树结出的椰子在成熟后，落入水中，由于它既大又轻，可以顺水漂流到很远的地方。它一旦落入水岸旁的淤泥里，第二年就可以长出小椰树苗。靠水力扩散的种子表面有蜡质，有着不沾水的特点。它们的果实中含有气室，使其可以长时间漂浮在水中且不腐烂。

▲ 睡莲的种子是靠水力扩散的

动物

　　有些植物将种子藏在它们的果实之中，果实有肥厚甜美的果肉，许多动物以之为食。在吃掉这些果实后，动物们吐出种子，或者将其随粪便一起排泄到体外，这就无意间帮助植物完成了种子的扩散。松鼠喜欢吃橡子，它们喜欢在冬天将橡子储存起来，比如藏在地下。一些松鼠会忘记它们把橡子藏在了哪里，这些被埋入土中的橡子将有机会长成新的橡树。

▲ 这只松鼠正在寻找合适的地点，以埋藏它找到的橡子

"搭便车"

　　生命为了实现自身的繁殖，可谓不余遗力，找到了很多有趣的办法。有些种子具有黏性，有些种子则长有钩刺。一旦有动物从这类植物旁边经过，它们的种子便会挂在动物的毛皮上，跟着动物一起移动。它们在经历一段旅行后从动物身上掉下来，很有可能刚好落在适宜其生长的地方。

▲ 长有钩刺的牛蒡种子

生态系统和食物链

　　地球生物圈又称"全球生态系统"，包括地球上所有的生命，比如动植物。地球生命基本上局限在一个非常接近于地表的狭窄地带中，但它们不仅有应对环境的能力，还能帮助维持并改变所处的自然环境。如果没有生命的存在，地球的岩石圈、水圈和大气圈将会有另外一番景象。

初级生产者

　　所有生命有机体都直接或间接依赖绿色植物提供的养分。绿色植物以及许多微生物是食物生产者，它们通过光合作用把二氧化碳转变成碳水化合物（糖类），也能够利用其他原料养分来合成蛋白质。对于生物的生存，植物几乎和水一样重要。动物在吃掉植物和其他生物后，可以获得其中的养料，并利用这些碳水化合物和蛋白质来完成自身的生长。因此，植物又被称为"初级生产者"。

第一级消费者和第二级消费者

　　以食用植物为生的动物被称为"第一级消费者"或"食草动物"。这类动物包括一些昆虫、牛、羊乃至大象。一些捕食食草动物的动物是"第二级消费者"。第二级消费者又被称为"食肉动物"。举例来说，蟾蜍是第二级消费者，因为它以猎食蝗虫等食草性昆虫为生。

第三级消费者和第四级消费者

　　第三级消费者是体型更大的食肉动物。它们可以捕食第二级消费者。比如说，蛇是第二级消费者蟾蜍的天敌，因此它是第三级消费者。而鹰又捕食蛇类，所以鹰是比蛇更高一级的第四级消费者。第四级消费者多是攻击力极强的猛禽猛兽，位于食物链的顶端，也就是说，它们在自然界里没有天敌。

生态系统

生态系统是指特定范围内的生物群落与环境构成的统一整体。每个生态系统都有一个独有的特征，由气候、地质和生活在那里的物种决定。全球被分成几个大的生态系统，我们称之为"生物群落"，其中包括海洋、沙漠、草原、森林等大片的地貌景观。每个生物群落都有自己独有的特点，多数情况下是由气候决定的。所有生物群落共同组成了生物圈——全球生态系统。

食物链

食物链是指生态系统中各种生物为维持自身的生命活动而以其他生物为食的这种由食物联结起来的链锁关系。生物在死亡或腐烂后，分解者（如真菌和细菌）将其分解成可供植物利用的养分。它们发挥的独特作用使得食物链成为一个闭合的循环系统。

▼ 第一级消费者

第四级消费者 ▶

被分解的动物遗骸

适应和进化

据估计，目前地球上生活着超过 1 000 万个物种。人类发现并记录了其中约 170 万个物种。这种巨大的多样性据说是生物在适应环境变化的过程中"进化"的结果。

什么是进化？

我们今天见到的所有物种都是由它们的祖先进化而来的。所谓的进化是指生物的可遗传性状在代际间的改变。当基因遗传变异受到非随机的自然选择或随机的遗传漂变影响，而在种群中变得较为普遍或不再稀有时，物种就出现了进化。

达尔文与《物种起源》

19 世纪的英国生物学家查尔斯·达尔文（Charles Darwin）出版了《物种起源》，他在书中提出了令世人震动的进化论，指出人不是由神创造的，今天地球上的所有物种都是从少数共同祖先演化而来的。不适应环境的个体会被淘汰，适者才能生存，并繁衍后代，这个过程被他称为"物竞天择"。

自然选择

自然选择指生物的遗传特征在生存竞争中，由于具有某种优势或劣势，在个体之间产生了生存能力上的差异，并进而导致繁殖能力的差异，这种差异使得这些特征得以保存或是淘汰。自然选择则是进化的主要机制，经过自然选择而能够成功生存，我们将其称为"适应"。自然选择是唯一可以解释生物适应环境的机制。

遗传变异

遗传变异发生在生物体经历自发变化或"突变"时。在这个过程中，生物使用另一种更有用的变异替换或者改善原来的变异。遗传变异还可以发生在名为"有性重组"的过程中，这个过程指的是两个生物体交配并产生遗传了双亲生物体最佳性状的后代。

遗传漂变是指种群中基因库在代际间发生随机改变的一种现象。当一个族群中的生物个体的数量较少时，下一代的个体容易因为有的个体没有产生后代，或是有的等位基因没有传给后代，而和上一代在基因频率（在一个种群基因库中，某个基因占全部等位基因数的比例）上有所不同。一般情况下，族群的生物个体的数量越少，族群中基因就越容易发生遗传漂变。遗传漂变是生物进化的关键机制之一。

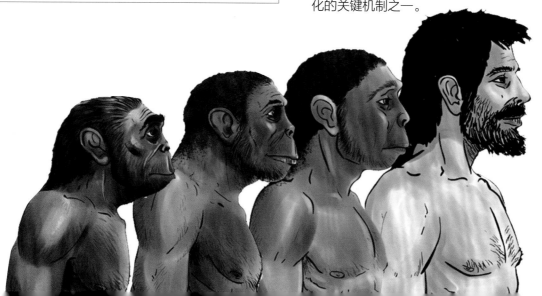

人类的起源

现代人类是生活在 19.5 万年前的智人（*Homo sapiens*）的后代。根据目前掌握的一些化石证据，科学家认为智人兴起于非洲，并且在 10 万～5 万年前陆续迁移出非洲大陆，取代了在亚洲的直立人以及在欧洲的尼安德特人。

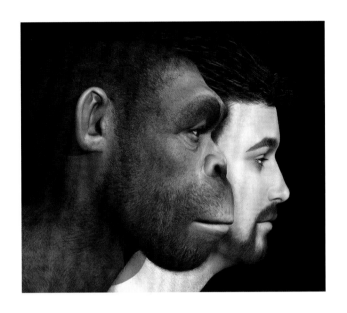

对生拇指

人类和高级灵长类动物是"从手到口"的进食者，即用手抓握食物送到口中。它们的一个重要的生理特征是长有对生的拇指，也就是说，拇指可以碰到同一只手的所有其他手指。

借助对生拇指，人类和高级灵长类动物具备了抓握的能力，可以将物体紧紧握在手中。这对于智力的发展和工具的使用都具有重大的意义。

人类真的是猿类的后代吗？

不是。这是一种广泛流传的迷思。人类和猿类有亲缘关系，但不是它们的后代。黑猩猩、红毛猩猩和大猩猩是古猿类的直系后代。猿类和人类的共同祖先与一种名为纳卡里猿仲山种（*Nakalipithecus nakayamai*）的物种非常相似，这个物种据信存在于约 1 000 万年前的非洲，同时呈现出人类与猿类的特征。后来，这个共同祖先发展出了人类和非洲大猿两个分支。

有趣的事实

基因数据表明，在 40 万～35 万年前，尼安德特人和智人自海德堡人这一共同祖先中分化出来。相对尼安德特人而言，智人具有更强的社会性，且发展出更细致的石器制作技术。据说，正是来自智人的竞争，导致了尼安德特人的灭绝。

人类与动物的关系

人类与自然界的动物共同生活在地球上，它们以各种途径成为人类不可或缺的伙伴。人类通过对一些动物的研究，更好地理解了生物体的解剖知识和原始的社群行为。在临床药物开发和研制的领域，人类通过动物试验来了解药物的疗效和副作用。人类食用的奶制品、肉制品源自动物。人类还学会了利用经鞣制的皮革来制作避寒的衣物。人类驯化了一些动物，让它们协助我们的工作。

与动物有关的工作岗位

你知道动物也要看医生吗？我们将这些医生称为"兽医"。宠物的主人以及动物园、野生动物研究所的工作人员在动物生病时，都要打电话给兽医，寻求他们的帮助。

动物园管理员负责照料动物园里动物们的饮食起居，为它们准备喜欢的食物，照料它们的幼崽，并且定期检查它们的身体状况。护林员和野生动物保护者经常观察和追踪森林和其他自然保护区里的动物，为它们提供必要的帮助，并驱逐偷猎者。人类已越来越意识到保护生物物种的重要性，因此一大批以拍摄、记录野生动物为业的纪录片制作人应运而生。

研究动物

动物学家、生态学家和博物学家经常以动物为研究课题。他们在实验室甚至自己的家里观察动物。有时候，他们深入野外丛林，以便研究动物在野生状态下的行为和反应。在过去，他们有时不得不捕捉野生动物并将它们关在笼子里进行研究。现在，在最新科技手段的帮助下，研究者通过给野生动物装上定位芯片，实现对它们的追踪和记录，从而在不进行人为干扰的前提下掌握野生动物日常行为的第一手资料。

▲ 一名动物园管理员在当值期间喂养狐猴

动物给予我们的生活物资

我们从牛、羊等动物那里获取乳汁、蛋和肉，还将鲜奶进一步加工成黄油或奶酪。牛奶不仅营养丰富，而且口感香甜，是帮助青少年长身体的极佳饮品。我们利用牛、羊以及蛇的皮制作各种皮具，如皮衣、皮包和皮鞋等，还将羊毛纺成线并织成毛衣。我们吃牦牛和驴子的肉，它们同时还是任劳任怨的长途搬运者。

认真勤恳的助手们

人类学会了驯化动物，让它们协助自己的工作。牧羊犬经过训练之后可以看管一大群羊。如果羊群走向错误的方向，牧羊犬会迅速将它们驱赶回正确的道路上。它甚至会为了保护羊群与恶狼搏斗。在长年积雪的严寒地带，人们缺乏有效的交通工具，便训练狗拉雪橇。雪橇既能载人，也能载货。接受过专门训练的导盲犬，是盲人在日常生活中不可或缺的好助手。

▼ 自然纪录片制作者利用特制的水下音像设备探索海底世界

牧羊犬正在看护羊群 ▶

濒危动物和灭绝动物

数千万年前，恐龙一度是地球上的霸主。然而，现在我们连一只恐龙也看不到了，因为这个物种已经灭绝了。据称，曾经生活在地球上的物种99%以上已经灭绝，只有极少数的物种能够历经地球环境的变迁生存下来。人类的活动进一步加快了物种灭绝的速度。世界自然保护联盟（IUCN）将近期很有可能灭绝的物种列成名录，称为"濒危物种"。一个关键物种的灭绝很可能破坏当地的食物链，造成生态系统的不稳定，并可能最终导致整个生态系统的崩解。

影响物种生存的因素

环境的剧烈变化、个体数量稀少、栖地狭窄以及滥捕盗猎等原因都有可能使物种陷入濒临灭绝的境地。恐龙灭绝于6 500万年前，当时发生了地球历史上最著名的大规模物种灭绝事件。一种理论认为当时有一颗小行星撞上了地球，碰撞激起大量微粒与碎屑飘到空中。它们遮蔽了阳光，减少抵达地表的太阳能，进而导致了当时地球上大部分动物与植物的灭绝，恐龙也难逃一劫。

▲ 考古学家利用挖掘出来的恐龙骨骼化石来对它们进行研究

人类对栖息地的侵占

人类破坏动物的栖息地是为了获取天然资源、发展工业生产和城市化。当栖息地被破坏，它就无法为其中的生物提供充分的食物或活动空间，生长在那里的植物、动物和其他生物的数量将因此下降甚至走向灭绝。破坏栖息地目前被列为导致全球物种灭绝的头号原因。人类对自然过度的开发，正在对地球生物物种的多样性造成难以想象的破坏。

◀ 采伐森林的目的是获得土地和原材料

缺乏有利的遗传变异

缺乏有利的遗传变异也是物种灭绝的原因之一。种群规模越大，遗传变异就越多。这就是人类在头发、皮肤和眼睛颜色等方面有这么多遗传变异的原因。遗传变异让物种具备一定的多样性，从而更好地适应环境。过于相似的基因会使得物种缺少足够的适应性，无法应对环境的变化。

近亲繁殖有可能导致遗传变异的减少。近亲繁殖是指一个物种的近亲成员交配产生后代，它往往会导致严重的遗传病或免疫系统的问题。

濒危的猎豹

猎豹因为种群数量过少及近亲繁殖已陷入濒危的境地。据科学家推测，猎豹约在1万年前的上一个冰期中经历了种群瓶颈。近亲繁殖行为减少了物种内部的遗传变异，使得猎豹对于疾病没有抵抗能力。

探索新的机遇

　　人们总是在寻找更好的生活。"移民"指的是人口从一个地方移往另一个地方。人类历史上最早的移民可以追溯到 10 万～5 万年前的智人从非洲迁徙到世界其他地方。近些年来，一国之内以及跨越国界和大陆的大规模人口迁移，越来越成为当代地理学所关注的课题。

国内移民和国际移民

　　根据迁移距离的长短，移民可以大致被分为两种类型——国内移民和国际移民。国内移民是指个人从村庄搬到城市或从一座城市搬到另一座城市，无论出于什么目的，全新的生活环境都有可能重塑人的行为模式。而国际移民由于要跨越相当长的地理距离，他们的决定往往基于更加慎重和多方面的考虑，有可能是为了改善经济前景或为了逃避危险的环境而进行迁移。国际移民被本国称为"外出移民"，被目的地国家称为"外来移民"。

▲ 战争或传染病流行等危机可能会造成大批人口的国际迁移

自愿移民和非自愿移民

　　人口迁移有可能是被迫的，也有可能是自愿的。当人们是为了追求更好的生活条件或机遇时，这种移民行为就是"自愿移民"。然而，在被迫或非自愿迁移的情况下，重新定居的决定有可能完全是由移民本人以外的人做出的。例如，印度尼西亚政府自 1969 年开始推动从人口密集的爪哇岛向本国其他岛屿和地区移民，使约 800 万印度尼西亚人在非完全自愿的情况下重新定居。

推力因素

　　导致人们因不佳的环境被迫决定迁移的因素，被称为"推力因素"，包括失业、就业机会稀缺、过分拥挤、贫穷、战争、饥馑等。世界上每年都有数千万的农民从贫困的乡村向外迁移，其中许多是因为受到严重侵蚀或耗尽肥力的土地无法再支持他们获得勉强维生的收入。

> **推力因素和引力因素**
>
> 迁移通常是推力因素和引力因素共同作用的结果。迁移的动机往往是多种多样的，而且由于移民的年龄、性别、教育水平和经济情况的不同，推力因素与引力因素产生的影响力也有所差异。

▲ 突然发生的自然灾害会导致重大生命和财产损失。它会迫使一个地区的人口临时性或永久性地迁移

▲ 第一次世界大战和第二次世界大战迫使很多难民加入人口迁移的大军

引力因素

　　预想中迁移目的地的吸引力，被称为"引力因素"，包括安全、食物、就业机会、住房条件、气候、税率等等。其中经济上的考量对于迁移有着最大的推动力。

▲ 发展中国家的农民往往因为经济原因向城市中流动

奴隶贸易

　　奴隶贸易自 16 世纪晚期到 19 世纪初期一度是"合法"的。在此期间，有超过 1 000 万非洲人作为奴隶被强行贩卖到西半球，许多人被贩卖到帝国主义国家位于美洲的殖民地做苦役。

▲ 被贩卖的奴隶

一些阻碍迁移的屏障

　　从经济角度来说，路费和在他乡建立住所的费用都是阻碍移民迁移的屏障，而且这些费用往往会随着迁移距离的增加而增加。文化也是使人们放弃移民的一种屏障。许多人担心无法适应新的地方，而对家乡、文化群体、邻里和家族的依赖有可能强烈到可以补偿当地的种种不利条件。

工业时代的影响

工业革命带来的技术进展，使得交通状况得到改善，旅行变得更迅速、容易，费用也更低廉。这大大提升了人口迁移的规模。然而，伴随着经济全球化的形成，在许多输出或引进大量移民的地区（如美国），移民引发的文化差异与当地的社会价值观之间的冲突也引发了不少的社会矛盾。

世界城市

　　城市正在以我们能感觉到的速度快速增长，现在世界一半以上的人口因工作和赚钱的机会而居住在城市中。大多数现代城市都承担着多种社会职能，比如生产、生活、教育、医疗等，因此城市往往是制造业、零售业、医院、学校和各种服务机构的聚集之地。

西班牙 巴塞罗那

　　巴塞罗那是世界上交通最拥堵，然而也是最美丽的城市之一。作为西班牙第二大城市，它濒临地中海，是一座繁忙的港口城市。历史上，由于战略地位极为重要，这座城市建有大量的要塞和防御工事。在 17~18 世纪修建的蒙特惠奇城堡（现为博物馆）以及位于城市扩建区的由天才建筑师高迪主持修建的多栋建筑均是不可多得的建筑珍品。经过许多年的建设以及众多杰出建筑师的努力，巴塞罗那拥有了世界上最别具一格的天际线。

希腊 雅典

　　雅典是希腊的首都，也是希腊最大的城市。雅典位于巴尔干半岛南端，三面环山，一面傍海，西南距爱琴海法利龙湾 8 千米，属亚热带地中海气候。它被认为是西方文明的摇篮；作为欧洲哲学的发源地，对欧洲及世界文化有着重大意义。雅典卫城的帕台农神庙，被视为西方文化的象征。雅典位于东西方文化碰撞交汇的要冲之地，饱经战火摧残，经历了多次重建。

法国 巴黎

　　巴黎作为法国的首都，横跨塞纳河两岸，一直被认为是全世界最有吸引力的地方之一。它不仅是欧洲的重要经济中心，而且还以美食、娱乐、文化、艺术和文学著称。它在文艺复兴时代被称为"光之城"，如今则有"艺术之都""文化之都""时尚之都"等诸多美誉。

　　埃菲尔铁塔是巴黎最富盛名的地标建筑，紧随其后的是世界上最受欢迎的博物馆卢浮宫、因大文豪雨果而闻名的巴黎圣母院、拿破仑下令修建的凯旋门等名胜古迹。

有趣的事实

天际线是源自西方城市规划的一种理念，是指由城市中的高楼大厦构成的整体结构。而按照中国传统的城市规划思想，城市的中心建筑多半会集中于一条线（中轴线）上。

▲ 巴塞罗那优美的城市天际线

▲ 帕台农神庙是古希腊历史上的重要遗迹

▲ 远眺埃菲尔铁塔

▲ 土耳其伊斯坦布尔的海岸线风光

▲ 乘坐贡多拉游船游览大运河是威尼斯的一大游览项目

▲ 科伦坡某海滩上的一座灯塔

▲ 印度的新德里是仅次于东京的第二大超大城市

土耳其 伊斯坦布尔

土耳其首都伊斯坦布尔位于巴尔干半岛东端，扼黑海入口，为欧、亚交通要冲，战略地位极为重要。它在历史上曾是三大古代帝国——罗马帝国、拜占庭帝国以及奥斯曼帝国的首都，保留着辉煌的历史遗产。这座名城不仅在地理上横跨两洲，而且还兼收并蓄欧、亚、非三洲各民族思想、文化、艺术之精粹。它不但是土耳其人口最多的城市，也是世界人口最多的城市之一。

意大利 威尼斯

威尼斯是意大利东北部著名的旅游与工业城市。它拥有独一无二的城市布局，近 200 条运河构成了它的交通网络。这座在文艺复兴时期闻名遐迩的历史文化名城素有"水上之城"的美名。大运河是贯通威尼斯全城的最长的街道，它将城市分割成两部分，两岸有许多著名的建筑，到处是作家、画家、音乐家留下的足迹。对于游客而言，最受欢迎的交通方式是乘坐贡多拉游船。

斯里兰卡 科伦坡

科伦坡是斯里兰卡的最大城市与商业中心、印度洋重要港口、世界著名的人工海港。科伦坡的港口曾出现在公元 5 世纪的中国高僧法显的游记中。科伦坡是进出斯里兰卡的门户，素有"东方十字路口"之称。科伦坡于 8 世纪为阿拉伯人所建。1518 年以后，成为葡萄牙势力的根据地，建有城堡。1656 年又变成荷兰属地。1796 年，英国占领了这里，将其发展为斯里兰卡岛最大的港口。1948 年，斯里兰卡独立之后，科伦坡被设立为首都。

超大城市

超大城市指的是拥有 1 000 万以上人口的城市。大多数发展中国家，如印度和巴基斯坦，都逐渐发展出一些超大城市，有很多人从农村地区迁移到城市生活。世界上工业化率最高的北美和西欧地区，相应地具有最高的城市化水平。而一些东亚国家的城市人口比例虽然相对较低，但人口绝对数却非常高。

日本东京是全世界最大的超大城市，人口超过 3700 万。印度的首都新德里和中国的上海分别是全世界第二大和第三大超大城市。

东京有着极高的人口密度 ▶

人口分布

世界人口的分布是异常不均匀的。即使在自然条件十分相似的地区，由于各种历史及文化的因素，人口数量和密度往往相差很大。世界上超过半数的人口居住在仅占陆地总面积 5%的土地上。东亚、南亚、欧洲、美国东北部和加拿大东南部是世界人口最密集的地方。

人口密度

人口密度是为了帮助理解人口分布而计算出的数值，它表示的是生活在 1 平方千米土地内的人数。根据这个数据，我们可以知道一个地方的总人口。然后我们就会吃惊地发现，世界上人烟稀少的"无人区"的面积比"居住区"大得多。

宜居地与非宜居地

宜居地是指地球表面适宜人类永久定居的地方。据统计，世界上将近 90% 的人口居住在赤道以北，其中三分之二住在北纬 20°~60° 之间的中纬度地区。自古以来，人类一直在利用灌溉、修筑梯田、筑堤和排水等技术改造自然环境，扩大宜居地面积。非宜居地包括北极和南极、亚洲北部与北美北方的冻原和大片针叶林地区、南北半球中纬度的荒漠，以及过于寒冷的高山地区。

自然因素

人们根据特定的自然因素选择在哪里生活。南极洲的常住人口数是零，因为那里的气候条件过于恶劣。植被稀少、极端气温、饮用淡水和食物的匮乏是阻碍人们生活在某个地方的主要自然因素。

另一方面，拥有肥沃土壤、丰富可用的自然资源、宜人气候和大量食物的地方则吸引人们在那里定居。

人口过剩

人口过剩是指在一定地理区域内人口数量的生态足迹超过了当地的环境承载力。从长远角度来看，人口过剩也可被视为不可再生能源大幅耗尽或环境承载能力降低，无法支持人口数量。与人口过剩相对应的概念是人口不足，后者是指一个国家或地区的人口过少，难以充分地开发其资源以改善居民生活水平。

人口增长

1800 年，地球上大约生活着 10 亿人。1950 年，这一数字增长到了大约 25 亿，1960 年达到 30 亿，2000 年达到了 60 亿。到今天，世界人口已经接近 80 亿。专家认为，全球人口很有可能在 2050 年之前突破 90 亿的关口。

人口总数有上限吗？

如果世界人口在 2050 年上升到 90 亿，那么，我们将不得不多生产 70% 的粮食以确保每个人能够获得足够的食物。一些科学家警告说，人类对于自然资源的过度开发将会威胁到全球生态系统的未来。人类的生存离不开这个系统，世界人口的增长很可能已经接近了它的极限。

令人震撼的自然奇观

　　地壳和水流的震荡、迁移、摆动，往往会在地球的某个角落构造出令人难以置信的美景。从不为人知的蔚蓝深海，到拥有洁白沙滩的美丽海岛，大自然彰显着它永不枯竭的创造力。而缥缈灵动的北极光则向我们展示出一个更加神秘浩渺的宇宙空间，有待人类去探索。

　　形成这些自然奇观所凭借的完全是大自然的鬼斧神工。然而，我们的确要特别小心地对其加以维护，保护它们不被任何因素所破坏。

大堡礁

　　大堡礁位于澳大利亚东北海岸，是全世界最摄人心魄的自然奇观之一。它是地球上最大的珊瑚礁群，从西北方向至东南方向绵延 2 300 千米，最宽处 161 千米，覆盖面积约 35 万平方千米。

物种丰富的生态系统

　　大堡礁是一个巨大的珊瑚礁群，包括 2 900 个独立礁石和 900 座岛屿。这里生长着 400 余种珊瑚、超过 1 500 种鱼类和 4 000 多种软体动物，还有大型绿海龟等多种珍稀物种。大堡礁的宜人环境，使得它成为许多海洋生物栖息的家园。除了在海中生活的动物，大堡礁的沙洲上还生活着军舰鸟、剪嘴鸥等数百种鸟类。

▲ 大堡礁提供了一个相互依赖的生态系统

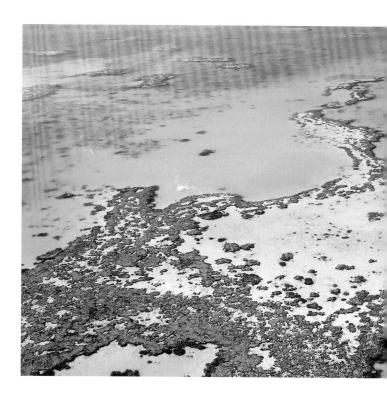

珊瑚海

珊瑚海是世界上最大和最深的海，位于太平洋西南部，平均深度达 2 243 米。它从澳大利亚和新几内亚岛以东延伸至新喀里多尼亚以西。大堡礁位于珊瑚海西侧，与澳大利亚东北海岸毗连。第二次世界大战中，美军与日军曾在这里交战，史称"珊瑚海海战"。

大堡礁的形成和保护

　　大堡礁中的珊瑚礁可以分为许多类别，它们都是由数百万年来海洋生物的骨骼残体等所构成的。据科学研究显示，早在 2 400 万年前，珊瑚海盆地业已形成，有珊瑚虫开始在这里生长。由于珊瑚生长需要阳光，所以它们只分布在水深 150 米内的水域里。

　　1981 年，作为地球上生物多样性最丰富的地区之一，大堡礁被列入世界自然遗产名录。澳大利亚政府在 1975 年成立了大堡礁海洋公园管理局，以保护这一大自然的奇观。气候变化、污染和以吞食珊瑚为生的棘冠海星是对大堡礁危害最大的一些因素。据报告，2016 年因海洋暖化引起的珊瑚白化事件，导致大堡礁大部分的珊瑚礁被毁。

生物多样性

生活在大堡礁的不只是珊瑚，还有许多海洋生物与鸟类。大堡礁海洋公园管理局自成立以来，一直致力于保护在这里生活的各个物种。

▲ 生活在大堡礁的鳗鱼

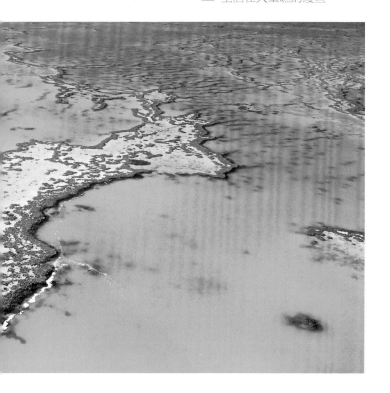

我们在这里可以看到千奇百怪的海洋生物，例如绿海龟、儒艮、海豚和鲸类。2004 年，大堡礁海洋公园管理局曾对这片海域进行重新分区，以便着手调查其中的物种及栖息地，确定那些需要更多关注的地域。然而即便做了这样的处理，在 2006 年前后工作人员仍然发现，由于栖息地面临的问题，生活在礁群之中的儒艮和绿海龟的数量已经有所减少。

▲ 绿海龟

大堡礁和詹姆斯·库克

1768 年，英国探险家兼航海家詹姆斯·库克（James Cook）首次踏上探索太平洋的旅途。他乘坐的是英国皇家海军的考察船"奋进号"。1770 年 6 月，在沿着东澳大利亚的海岸航行时，这艘船撞上了海底的暗礁。

船上的大部分船员平安无事，但考察船受损十分严重。船员们花了整整一天的时间，才趁着涨潮设法将它移走。他们为此扔掉了船上的一些重载物，例如马车、枪支、装满货物的木桶、储备食物等等。

一番挣扎之后，船员们终于开始着手修理这艘船。将近一个月后，古古伊梅蒂尔人（Guugu Yimithirr，当地的一个土著部落）发现了他们。詹姆斯·库克试图和这些土著人对话，但他们却逃走了，因为库克和他的船员们是这些土著人从未见到过的白种人。返回英国后，詹姆斯·库克在游记中提到了这个地方，这是欧洲人首次得知大堡礁的存在。

19 世纪初，英国探险家兼制图师马修·弗林德斯（Matthew Flinders）与同伴搭船绕澳大利亚航行，同样在大堡礁遇到触礁事件。弗林德斯回国后，绘制出世界上第一幅澳大利亚全图。他也是为这处自然奇观命名的第一人。

有趣的事实

据说如果我们将大堡礁的主体从海中取出并晾干，它占用的面积将像美国的新泽西州一样大。我们难以想象，在大堡礁蔚蓝的海水之下竟然有这么多的珊瑚！

▼ 库克船长肖像

温泉和间歇泉

地下水在达到饱和后流出地面，形成泉水。通常来说，如果泉水的温度高于当地年均气温 6~9℃，我们就称其为"温泉"。地球内部有着很高的温度，因此如果泉水来自很深的地底，它就会被正在冷却的火成岩所加热，成为温泉。

什么是间歇泉？

间歇泉是一类特殊的温泉。其中的泉水受到一定的压力，从而形成间歇性的喷发。在泉水停止喷射时，它会喷出柱状的水蒸气，且时常伴有咆哮声。

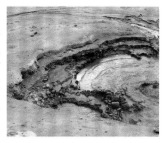

▲ 位于冰岛纳马费加地热区的一处间歇泉

▲ 日本别府市的"海地狱"温泉是当地最受欢迎的旅游景点之一

间歇喷发的奥秘

间歇泉的形成除了要具备形成一般泉水所需的条件之外，还需要一些特殊的条件。

首先，间歇泉必须具有动力源。地壳运动比较活跃地区的炽热的岩浆活动是间歇泉的动力源，因而它只能形成于地表稍浅的地区。

其次，要有一套复杂的供水系统。在这个"天然锅炉"里，要有一条深达地底的泉水通道。地下水在通道最下部被炽热的岩浆烤热，却又受到通道上部高压水柱的压力，不能自由翻滚沸腾。而且，狭窄的通道也限制着泉水上下的对流。因此，通道下方的水不断地被加热，一直到水柱底部的蒸气压力超过水柱上部的压力时，地下高温高压的热水和热气就把通道中的水全部顶出地表，造成强大的喷发。喷发以后，随着水温下降，压力降低，喷发会暂时停止，又积蓄力量准备下一次新的喷发。

▼ 这些起雾的池塘位于黄石国家公园内的一个地热区

黄石国家公园

黄石国家公园创立于 1872 年，目的是保护这里的地热区、温泉和间歇泉。它的占地范围横跨美国的怀俄明州、蒙大拿州和爱达荷州。黄石公园以其丰富的野生动物种类和地热资源闻名，老忠实间歇泉更是其中最富盛名的景点之一，世界上最大的活动间歇泉——汽船间歇泉也位于公园境内。公园内的黄石火山是北美最大且仍处于活跃状态的超级火山，得益于其持续的活跃状态，世界上的地热资源有半数位于黄石公园地区，据估计整个黄石公园共拥有 300 多个间歇泉及至少 1 万个温泉。

▼ 大棱镜彩泉是世界上最漂亮的温泉

乌鲁鲁和卡塔丘塔

驱车行驶在南澳大利亚北部炎热的内陆沙漠时，我们可能会遇到全世界最大的单体岩石之一——乌鲁鲁，又称艾尔斯岩。它是一块极其巨大的红色砂岩，挺拔地矗立在沙地平原中央，像是沙海之中的一座孤岛。

乌鲁鲁 - 卡塔丘塔国家公园

设立乌鲁鲁－卡塔丘塔国家公园的目的是保护原住民的利益并维护当地的乌鲁鲁、卡塔丘塔、爱丽丝泉等自然遗产。20 世纪 80 年代，澳大利亚政府将土地的所有权归还给当地的阿南格人（Anangu），但要求他们允许国家公园的管理人员参与对它的管理。乌鲁鲁－卡塔丘塔国家公园目前已被列入世界自然遗产名录。

▲ 生活在乌鲁鲁－卡塔丘塔国家公园的野生动物

乌鲁鲁

乌鲁鲁巨石高约 348 米，总周长达 9.4 千米。乌鲁鲁主要由纹理粗糙的长石砂岩组成。它有个非常神奇的特点，即岩体表面的颜色会随着一天中的不同时间以及不同的季节而改变。在黎明和日落时分，它的岩石表面会变成艳红色。在雨季，它又会因为降雨变成银灰色。乌鲁鲁是澳大利亚最知名的自然地标之一，同时这处自然奇观也被当地的阿南格人赋予了极为丰富的历史及文化意义。

卡塔丘塔

卡塔丘塔与乌鲁鲁相距数万米，又称奥尔加斯岩，是一个由 36 个形状独特的红色风化砂岩构成的岩石群，其中最高的一块岩石高约 546 米。卡塔丘塔的巨岩之间形成了一些狭长的峡谷。走入其中一条"V"字形的大峡谷，除了偶尔见到的几只袋鼠，举目望去一片空寂荒凉，耳畔传来的风声更显得呼啸不绝，因此人们又将这座峡谷称为"风之谷"。对于生活在这里的阿南格人来说，乌鲁鲁和卡塔丘塔都是族中的圣地。

不可攀爬乌鲁鲁

乌鲁鲁在当地土著心目中是神圣的，他们希望来到此地的游客对圣地表示尊重。过去，乌鲁鲁一度是被允许攀爬的，但由于一些不愉快事件的发生，公园管理委员会宣布自 2019 年 10 月起禁止游客攀爬乌鲁鲁。

> **阿南格族的传说**
>
> 阿南格族相信，奥尔加斯山生活着一条名为瓦南比（Wanambi）的蛇。这条蛇在雨季盘成一个球，待在奥尔加斯山顶上的水洼里。到了旱季，这条蛇钻出来，盘踞在奥尔加斯山的底部。在愤怒时，这条蛇会制造飓风。

▼ 数以万计的游客每年从世界各地赶到乌鲁鲁－卡塔丘塔国家公园，一睹自然的神力

绚丽的极光

在地球上的高纬度地区，大自然时不时上演一场光影秀，天空中连续不断地出现各种颜色的光。蓝色、白色、绿色、黄色、粉色、紫色和红色等颜色的光线变换着形状，仿佛是在风中舞动的精灵一样自由自在地跳跃、嬉戏。这种现象大多发生在极地地区，偶尔在中高纬度地区也可以看到。

极光对地球磁场的干扰

极光的出现与太阳耀斑的活动周期以及地球磁极的地理位置密切相关。太阳耀斑是一种最剧烈的太阳活动，它在短时间内释放出巨大的能量和大量快速运动的亚原子粒子。这些带电粒子流在接近地球时，将与大气分子发生剧烈碰撞，破坏电离层，使它失去反射无线电电波的功能。太阳耀斑所引发的磁暴在严重时会危及航天器内的宇航员和仪器的安全。由于太阳耀斑与太阳黑子活动的周期性密切相关，当太阳黑子数达到最大时，一方面我们在地球上可以看到最壮观的极光，但另一方面它也会对地球磁场造成极大的干扰。

极光

极光的英文"aurora"源自古罗马神话中的黎明女神奥罗拉（Aurora）。极光一般发生在地球的北极圈及南极圈内。

极光是如何产生的？

极光是一种绚丽多彩的等离子体现象。来自太阳的带电粒子流（太阳风）进入地球磁场后，地球磁场迫使其中一部分沿着磁场线（Field line）集中到南北两极。它们在穿越极地的高层大气时，与电离层中的原子碰撞并激发其发光，形成极光。极光最常出现的地方是在南北纬度67°附近的两个环带状区域内。美国阿拉斯加州的费尔班克斯一年之中有超过200天的极光现象。

磁性的地球

地球的液态金属外核始终在运动。不断运动的熔融态金属就像一个电磁发电机一样，在地球周围产生磁场，这与罗盘指针向北或向南指的磁力作用是一样的。更重要的是，这磁场也使来自太阳的有害射线发生了偏转。

▼ 极光在天空中变幻多姿

可怕的自然灾难

　　自然界的某些现象会带来可怕的灾难。这些自然现象极具破坏性，有时甚至是致命的。它们给人类的生命和财产安全造成巨大损失。一些自然灾难产生的巨大能量会永久改变地表的地貌，另一些自然灾难的发生只持续短短几分钟，但是它们造成的破坏往往需要许多年的时间才能修复。

　　人类虽然还没有能力阻止这些自然灾难的发生，但是我们可以保持充分的警惕，并对它们进行严密观测。人类一直在研究这些自然灾难，以便预估它们下一次发生的时间和规模。一旦遇到自然灾难，我们必须保证快速和高效地行动，以便尽可能地保证人们的人身及财产安全。

闪电、雷暴和龙卷风

你是否见过天上的闪电？它是一道从云层向地面延伸的火花放电现象。闪电在瞬间释放出巨大的能量，使空气在受热后急速膨胀并形成冲击波。这就是我们听到的雷声。雷暴是一种局地性强对流天气。雷暴发生时可伴随有雷击、闪电、强风和强降水，例如大雨或冰雹。龙卷风则是一种持续时间很短的局部风暴，是最具破坏力的自然灾害之一。

雷暴如何形成

雷暴的形成需要足够温暖、潮湿的气流，这些气流上升时会释放出足够的潜在热能，进而为上升提供浮力。较高的地面温度会增大这种不稳定性和浮力，因此雷暴往往最常在下午和傍晚出现。不断上涌的热气流在高空中形成积雨云，在达到一定程度时，积雨云的部分云层中就将形成下降气流，形成大量降水，伴之以阵风、雷电。最终，下降气流在整个云层中占据支配地位，降水冷却效应和高空更冷空气的流入标志着雷暴活动的终结。

上升气流

白天，地面被灼热的阳光晒热，靠近地面的空气也会受热，然后上升。位于上空的冷空气向地面下沉。如果上升的温暖空气比周围的空气更温暖的话（意味着它也更轻），会继续上升。这股空气会将它的部分热量传递给周围的大气，尤其是大气上层。这股气流会在上升过程中逐渐冷却，开始失去一些水蒸气。它慢慢凝结形成云，然后向上移动到大气中温度低于冰点的地方。

气团雷暴

然而，有些雷暴的成因与沿锋面或地形抬升的暖空气有关，这类雷暴被称为"气团雷暴"。气团雷暴一旦形成降水，就会切断维持它的必要的水汽供应。因此大多数气团雷暴只是短期的局部现象，只有少数气团雷

暴会持续较长的时间，并伴随有大风、破坏性的冰雹等现象。

雷暴的特征

雷暴与其他几种基于气旋的风暴略有区别。雷暴现象中大气环流的特征是垂直运动非常强烈，而不是气旋式的内螺旋状运动。雷暴具有易变性和突发性，它形成的闪电和雷声是令人惊怖的壮观景象。

砧状云

砧状云是积雨云的顶部冰晶结构，通常呈单体状，因极像打铁的铁砧而得名，多见于雷雨过后。如果上升气流足够强烈，积雨云的云顶便不断向上伸展。当它到达气温在 –15℃ 以下的高空时，云顶冻结为冰晶，出现丝缕结构，在高空风的吹拂下，向水平方向展开成砧状。云砧顺着风向可以伸展得很远，它的伸展方向可用于判定积雨云的移动方向。

▼ 一场正在接近的砧状云雷暴

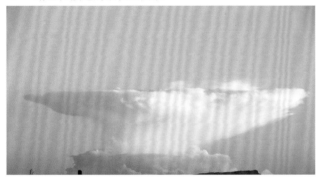

▼ 北美大平原上空的超级单体龙卷风

▼ 行进中的龙卷风

▼ 龙卷风可能持续数秒至 10 分钟不等。在这段时间里，它可以将一个地区变得面目全非

计算雷暴的距离

通过闪电和雷声之间的时间间隔，我们能够计算出雷暴与我们之间的距离。我们可以在看见闪电之后开始数秒，一直到听到雷声为止。因为声音传播的速度在标准压强条件下是 340 米 / 秒，也就是说，每 3 秒钟它将传出 1 千米左右，我们将数出的秒数除以 3，就能得到雷暴与我们之间的大致距离。如果在闪电之后 15 秒听见雷声，那么这场雷暴距离我们 5~6 千米。

闪电

雷暴发生时，我们先看见闪电，再听见雷声。这是因为光的传播速度比声音快。闪电是一道巨大的电火花。一道闪电释放的能量可以为 8 000 万辆汽车的电池充电。在闪电经过的地方，空气可以在几千分之一秒内被加热到 30 000℃。

龙卷风

龙卷风，有时也叫旋风，是极其猛烈的风暴，以旋转的空气柱或涡旋的形式从积雨云向地面延伸。龙卷风中心的气压比外部气压低，有时前者只有后者的 90%。涡旋中心的低压产生抽吸作用，使得地面的空气从各种方向被卷入。

龙卷风是如何形成的？

龙卷风可以形成于任何恶劣的天气条件中。通常来说，最强的龙卷风往往与超级单体（supercell）雷暴有关。所谓"超级单体"是指一个非常强大的独立的单位结构，如超大的气旋。具体来说，龙卷风就是雷暴巨大能量中的一小部分在很小的区域内集中释放的一种形式。

龙卷风的破坏性

龙卷风最可怕的一点在于它的不可预测性。龙卷风能产生自然界中最强大的风，其强度足以摧毁房屋，将树木连根拔起。它能将沿途遇到的许多物体送入 3 000 米的高空。美国密苏里州 1925 年发生的一次超强龙卷风造成 695 人死亡，财产损失不计其数。

强大的飓风

飓风是风暴的另一种形式，通常发生在热带或副热带的洋面上。它是一个快速旋转的，有时风速可达 300 千米 / 时的热带气旋，一般形成于夏季和初秋。这段时间海水的平均温度可以达到 27℃，从而为飓风提供充足的热量和水汽。

飓风的破坏力

飓风的直径可达 500~600 千米，所过之处均会造成严重的破坏。飓风外围的高气压会将飓风范围内的海水堆积起来，形成风暴潮。随着飓风的到达，沿海地区的风暴潮将掀起又高又急的波浪，横扫地势低洼的地区。在登陆后，飓风在几个小时内给当地带来相当于平时几个月的降雨。大量的雨水有可能导致河水溢出河道进而引发山洪。飓风还可能引发致命的泥石流。

从风暴到飓风

热带海洋上，酷热的温度将大量的海水蒸发，这就在一个气压非常低的区域形成庞大的云系。在飓风的核心部位，非常低的气压使得周围的空气和风暴云围绕中心旋转，从而形成热旋风暴。在飓风内部，风将随着漩涡的收紧而变得更猛烈。在相对平静的风眼附近，强有力的上升气流会筑起高高的云层，这会产生大量的降水。它们的顶部是呈反方向旋转的高卷云。

分类

我们根据飓风的速度，按照萨菲尔 – 辛普森分级法将它分为 5 个级别，以区分其相对强度与潜在危害。一级代表飓风的风速为 119~153 千米 / 时，五级是最高的级别，代表风速超过了 250 千米 / 时。

▲ 1945 年，美国佛罗里达沿海地区受到自巴哈马群岛向美国东海岸移动的飓风侵袭。这场飓风所带来的强烈降雨持续了整整 7 天

▲ 卫星拍摄到的飓风云图

▲ 一级至三级飓风的强度足以摧毁房屋

飓风的结构

飓风包括以下两个部分，它们是：

● **风眼**：风眼位于风暴的正中心，这里既没有降水也没有风。风眼为大量弯曲的云墙所包围，像是一处不受极端天气干扰的世外桃源。这里的空气慢慢下沉并被压缩加热，形成风暴中最热的区域。

● **风眼墙**：地面暖湿空气向风暴中心推进，填补上升气流留出的空间。它们一边行进，一边向上抬升，形成一个包围着风暴中心的环形积雨云圈。这里有着强烈的对流活动，飓风的最大风速和最大降雨就出现在这一部分。

飓风的探测和预警

科学家们现在有许多探测飓风的工具。首先，他们可以利用气象卫星来监控辽阔的海洋，在气旋和螺旋形的云带刚具雏形时就能及时发现它们所处的位置及强度等。其次，当飓风到达一定程度时，他们可以派遣载有特殊仪器的飞机进入风暴中心，从而获得更加细致的第一手信息。最后，当飓风临近海岸时，陆地上的多普勒天气雷达可以捕捉到有关它的风场、降水、移动速度等信息。这种用于探测气象要素、现象等的气象雷达，缺点在于只能监测距海岸 320 千米以内的飓风。

科学家在获得了充分的探测数据之后，就可以预测飓风的前进路线、强度、可能的降雨量及风暴潮等，并及时向人们发出预警。

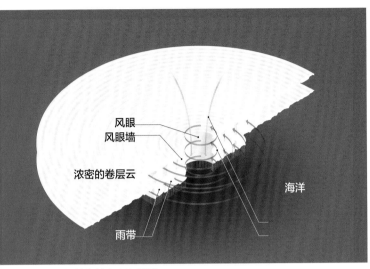

▲ 飓风剖面示意图

风眼
风眼墙
浓密的卷层云
海洋
雨带

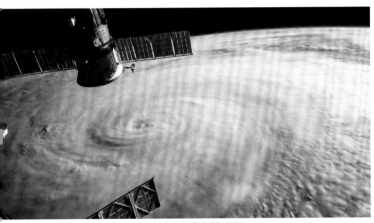

▲ 人造卫星正在拍摄地球上的飓风

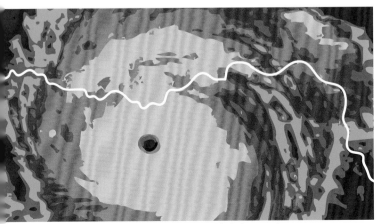

▲ 传感器被用来追踪风和雨的速度和强度

有趣的事实

为了避免名称混乱，世界气象组织下属台风委员会决定从 2000 年 1 月 1 日起对热带气旋采用新的统一命名法，旨在帮助加强防风抗灾领域的国际合作。世界气象组织颁布的命名表包含 140 个名称，分别由世界气象组织在亚太区域的 14 个成员国或成员地区提供，用以轮流命名在西北太平洋及南海生成的热带气旋。

恐怖的干旱

　　如果一个地方很长时间没有降水，而且它也没有为土地补充水分的其他方式，那么我们就说这个地区遭遇了干旱。干旱是指天气持续异常干燥而造成水循环的不平衡。干旱的严重性取决于水分亏缺的程度、持续时间和影响范围。

▼ 干旱有可能影响大片地区

干旱的定义

　　干旱往往是缓慢发生的，没有一个普遍的定义可以适用于所有情况。但是，我们可以通过世界气象组织认可的六种干旱类型对干旱进行了解。

● 气象干旱：主要根据降水偏离正常值的情况和干旱持续的时间来确定。

● 气候干旱：根据不足的降水量来确定，以与正常值的比率表示。

● 大气干旱：不仅涉及降水量，而且涉及温度、湿度、风速、气压等气候因素。

● 农业干旱：通常与土壤缺水和植物生长状态有关。

● 水文干旱：主要考虑河道流量的减少、湖泊或水库库容的减少和地下水位的下降。

● 用水管理干旱：指的是用水管理不善或设施破坏而引起的缺水。

不可预测的干旱

　　有些地区本来有充足的降雨，但在某些年头里，它可能偶发性地缺少降雨或其他形式的降水。这一类干旱的影响范围较小。

永久性干旱

　　有些地区由于降雨量常年不足，表现为干旱气候。根据气象学家的定义，干旱气候指年降水量小于年蒸发量的气候。例如，非洲、阿拉伯半岛和澳大利亚等地的干旱地区。其分布主要取决于全球气压和风的分布，当地的气候条件恰好与产生云和降水的条件相反，无法获得充足的降水。此外，一些地区之所以成为干旱地区，是因为它们位于大陆深处而远离海洋，富含水汽的云团难以到达。

季节性干旱

　　季节性干旱发生在有雨季和旱季之分的气候区。热带和亚热带气候地区会经历季节性干旱。在热带气候地区，单月的平均降水量小于 60 毫米，即被视为处于旱季。

食物短缺

　　在干旱时期，即使有灌溉系统的帮助，农业生产仍无法获得充足的用水，作物产量将相应降低。这会造成食物短缺，人们为了充饥不得不耗用外汇，进口大量食物。许多贫穷国家为了应对饥荒花掉大量本应用于生产投资的财政收入，由此陷入一种恶性循环。

▼ 美国加利福尼亚州经历的干旱使一片湿地在几年之内走向了干涸

EMERGENCY
BURN ADVISORY

DROUGHT
CONDITIONS
USE EXTREME CAUTION

极具破坏性的海啸

当海底发生剧烈的地质活动时，它们有可能激起一波又一波的海浪向陆地袭来。这些海浪的移动速度惊人，可与喷气式飞机不相上下。伴随着巨大的力量，这些海浪掀起的水墙可以达到数十米高，在数分钟之内就可以摧毁岸上的各类建筑和设施。这些极具破坏性的巨大海浪被称为"海啸"。海啸的英文"tsunami"源于日语，意为"港口的波浪"。

海啸预警塔▶

海啸的成因

洋壳以及洋壳下面的地球构造非常活跃。这些活动可以导致地震（发生于构造板块的边缘附近）、火山喷发或滑坡。撞入地球大气层的陨石如果落在海洋里，也有可能引发海啸。在发生这些情况时，洋壳之上的海水像是泛起的涟漪，形成了一波又一波的海浪。

海啸在开阔海域的浪高一般低于 1 米，但在进入浅海之后，这些毁灭性的海浪因"触底"而速度放缓，进而堆叠起来。当海啸的波峰到达沿海时，它看起来就像是在一片动荡中迅速升起的高大水墙。

海啸的迷惑手段

海啸移动的速度非常快，800 千米 / 时的速度意味着它们能够在一天之内跨越整个太平洋。在第一个大浪登岸之后，沿岸海水会退却 5~30 分钟，之后可以深入内陆数千米的巨浪将再次出现。海浪每次激增后，都伴随着迅速的退却。因此，熟悉海啸规律的人不会在第一轮海浪退却时返回海滨，他们深知后退的沿岸海水是又一轮海啸即将袭来的迹象。

太平洋海啸警报系统

鉴于 1946 年夏威夷大海啸的惨重教训，美国建立了一个环太平洋海岸国家和地区的地震海啸警报系统，总部设在夏威夷火奴鲁鲁。目前已有 26 个国家加入了这一组织。科学家利用装有压力传感器的深海浮标来监测海底地震释放的能量，而潮汐仪表则可以持续监测海啸过程中海平面的高低变化，并在 1 小时内发出警告。

▲ 海啸即将到来的疏散标志

增长的海浪

海啸的速度与大洋的深度有关。海浪在深水区行进时，速度可以达到 800 千米 / 时。随着它的前进，在水深仅为 20 米时，速度下降为 50 千米 / 时。

泛滥的洪水

洪水是指河流、湖泊、海洋所含的水体上涨并超过常规水位的水流现象。洪水常威胁河流沿岸、湖滨、近海地区的安全，甚至造成淹没灾害。洪水一般会给人类带来灾难，因此常被称为"洪灾"。然而，洪水有时也可以带给人类益处，如尼罗河定期的泛滥，给下游三角洲平原带来大量肥沃的泥沙，有利于当地的农业生产。

造成洪水的自然因素

造成洪水的自然因素主要包括以下几个方面：

- 瞬间雨量或累积雨量超过了河道的排放能力。持续的大雨和沿海飓风都有可能引发洪水。
- 可用的滞洪区的容积减少。湖泊的面积如果出现大幅缩减，它调节河流的能力也会随之下降，无法再充任河流的缓冲区。
- 河道淤积，疏于疏浚。河流运载的砂石到达下游时便会形成沉积，令河床变浅。当遇上大雨时，洪水便会溢出河道，造成洪灾。
- 天体引力引发天文潮，或地震引发海啸。
- 温室效应引起全球暖化现象，因此热带性低气压或台风带来的雨量变多，大雨频发。

造成洪水的人为因素

造成洪水的人为因素主要包括以下几个方面：

- 滥垦滥伐，水土流失。
- 与水争地，城市建设、农村围湖造田导致河道、湖泊等水域面积缩小。
- 高度都市化造成地面硬化，雨水无法以渗透方式流入地底，因此增加排水系统与河川排放雨水的负担，导致内涝。

▼ 风暴在沿海推动巨浪

易受洪水威胁的地区

在沿海的平坦地区以及河盆（地面水与地下水汇入河流并补给河流的区域）处，发生洪水的频率最高。由于这些地方的地势较低，一旦水位因各种自然或人为因素上涨，洪灾就有可能发生。

从理论上来说，所有河流都能导致洪水的发生。来自大河的洪水造成的破坏更大，因为它们携带着更多水，拥有更广大的流域面积，而且河水的流速和力量也更大。在大多数情况下，洪水开始于河水流速的突然加快。

有趣的事实

有些鱼类可以借助洪水转移到新的栖息地。被洪水淹没的河滩有可能形成非常适宜的产卵地，捕食者很少出现在这里。此外，洪水也会带来更多的食物和营养。

突发洪水

突发洪水也是一种危害性非常大的洪水。这首先是因为它难以预测，其次是因为它会在短时间内迅速提高水位，且具有破坏性的流速。影响突发洪水的因素包括降雨强度、持续时间、地表条件和地形等。突发洪水可以发生在任何地区，但在山区最为常见。城市地表由大量不透水，能快速形成径流的屋顶、街道和停车场组成，也很容易形成突发洪水。

风暴和洪水

毫无疑问，风暴潮造成了沿海地区最具毁灭性的破坏。风暴潮就像一个宽达数十米的圆顶水浪，在登陆点附近横扫海岸线。风暴潮形成的最重要因素是强大的向岸风使海水不断堆积，造成海面升高，同时它还伴随着大量的海浪活动。1970 年发生在孟加拉湾的风暴潮夺去了 30 余万人的生命。

▼ 洪水可以对人们的生活造成极大的危害

洪水的持续时间

洪水的持续时间取决于它是如何开始的。例如，山洪暴发的持续时间非常短，洪水迅速积累，迅速排走。风暴引起的洪水需要很长时间才能排干。这个过程需要数天，还可能需要外界干预。在某些情况下，用于防止洪水的防波堤实际上阻碍了排水。

强降雨和洪水

强降雨也会导致洪水。有两种地方容易因为这个原因遭受洪水。其一便是低洼地区。沿着低洼地区流动的河会产生破坏性很强的洪水。强降雨会导致河流水面的抬升，加快河水流速。这会进一步导致河水溢流，漫出的河水流到周围的土地上，造成洪水。

其二，山谷地区也容易发生洪水。有些河流沿着狭窄的山谷流淌，河水在面积很小的区域内快速流动。如果遭遇强降水，此处河水的流速将迅速增大，形成一种较强的冲刷破坏力，造成洪水的发生。这种洪水称为"山洪暴发"。它的速度很快，会破坏周围的山谷。

你会测量降雨量吗？

标准雨量计的顶部直径为 20 厘米。一旦降水进入容器，雨量计中的漏斗结构将引导雨水通过狭窄的空间进入一个横截面积仅有采集器十分之一的圆柱形测量管。因此，雨量高度被放大了 10 倍，变得更易于测量。标准雨量计的精度可以接近 0.025 厘米。如果雨量高度小于 0.025 厘米，我们就将其记录为微量降水。

▼ 被装置在地面上的标准雨量计

火山喷发

　　火山是地壳上的裂缝或缝隙，喷发时从中喷出熔融岩浆。当地球构造板块的运动将岩浆挤压向地球表面时，火山就会喷发。火山通常以圆锥状山体的形式存在，我们称之为"火山锥"。

什么是火山？

　　火山是地表下的高温岩浆及其中的气体、碎屑从地壳中喷出而形成的，一种具有特殊形态的地质结构。火山地貌的形状和大小各不相同，每座火山都有其独特的喷发历史。

火山为何喷发？

　　板块构造学说认为各大板块的运动是由于地球内部软流圈的热对流造成的。当板块互相推挤时，密度较高的板块会下降到另一个板块的下方，这个过程被称为"俯冲"。发生俯冲的带状地区则被称为"俯冲带"。地底的高温会将隐没的板块熔融，形成岩浆。岩浆借由浮力缓缓上升，最后聚集成为岩浆库，即火山底部储存岩浆的场所。当岩浆中的气体压力累积到一定程度，火山就喷发了。

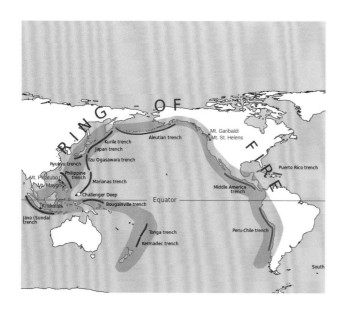

> **有趣的事实**
> 全世界大约91%的地震和81%最强烈的地震发生在环太平洋火山带。

环太平洋火山带

环太平洋火山带是一个围绕太平洋经常发生地震和火山爆发的地区，全长40 000千米，呈马蹄形。环太平洋火山带上有一连串海沟、火山弧和火山带，板块移动剧烈。它有452座火山，占世界上活火山和休眠火山总数的75%以上。地球上绝大多数的地震及最强烈的地震都发生在这一地带。

火山的喷出物

火山喷发时，会喷出熔岩、气体和火山碎屑。火山喷出的绝大多数熔岩是玄武质熔岩。由于具备极好的流动性，玄武岩浆会形成丝带状的熔岩流，沿斜坡向下流动。岩浆中含有大量气体，它们就像罐装碳酸饮料中的二氧化碳一样，在火山喷发后，因压力减少而迅速逸出。此外，火山喷发时还会喷出粉状的岩石、熔岩和玻璃质的碎片。按颗粒的大小，它们可以被分成火山灰（直径小于 2 毫米）、火山砾（直径为 2~64 毫米）和火山块（直径大于 64 毫米）。

▲ 夏威夷岛上火山喷发出的熔岩流入了太平洋

▲ 位于哥斯达黎加的阿雷纳火山

▲ 炽热的流动岩浆可达到 1 250℃或更高的高温

火山口湖

火山口湖是美国最深的湖泊，位于美国西北部喀斯喀特山脉南段，轮廓近似圆形，是世界自然奇观之一。火山口湖原是被冰川覆盖的古火山锥马扎马火山，后来火山喷发，山顶崩塌，形成破火山口，在风化和流水侵蚀的作用下，火山口逐渐扩大，积水成湖。以后又曾出现多次小喷发，形成若干火山锥，部分露出湖面成为小岛，其中最大的是威扎德岛，高出水面 213 米，顶部留有一火山口。

喷发的类型

1908 年，法国地质学家阿尔弗莱德·拉克鲁瓦（Alfred Lacroix）将火山喷发分为四种类型：夏威夷式、斯特隆博利式、乌尔卡诺式和培雷式。后世学者又在这一基础上增加了普林尼式及苏特赛式。

夏威夷式：此类火山喷发所形成的盾形火山多出现于夏威夷岛上，故得名。主要特征为喷发较平静，涌出易流动的玄武质熔岩。

斯特隆博利式：斯特隆博利式喷发以意大利的斯特隆博利火山为典型。喷发特征为有炽热的熔岩喷泉，熔岩的黏性比夏威夷式要大，喷发时通常伴随着白色蒸气云。火山不断喷出红热的火山渣、火山砾和火山弹，喷发较为温和。

乌尔卡诺式：乌尔卡诺式喷发以意大利的乌尔卡诺火山为典型。当岩浆因黏性过大而堵塞火山口时，乌尔卡诺式喷发就会出现。数以吨计几乎呈固态的岩浆被抛向天空，火山上方出现含有大量火山灰的喷发云。

培雷式：培雷式喷发的典型是西印度群岛马提尼克岛的培雷火山。培雷式喷发的岩浆黏度很高，爆炸特别强烈。炽热的火山碎屑流与温度非常高的气体，夹杂大量的碎屑及岩石，沿着山坡向下移动，产生类似台风的破坏。

普林尼式：普林尼式喷发有两个最主要的特征。第一是有非常强烈的气体喷发，可以产生数万米高的烟柱；第二是喷发伴随着大量浮石的生成。

苏特赛式：苏特赛式喷发是指从位于浅海或陆上的火山裂隙缝流出的岩浆，在与海水接触时，会产生水蒸气爆炸并散布大量火山灰。在冰岛南部近海地区，因这一类喷发的持续进行而产生了一个苏特赛火山岛。

夏威夷式　斯特隆博利式　乌尔卡诺式　培雷式

火山喷发的余波

因为火山爆发时会喷射出大量的火山灰、热空气和水汽，它们在不断向高空运动的过程中，温度逐渐降低，水汽迅速凝结，成云的速度非常快，再加上火山中心的温度非常高，从而形成强低压中心，进而形成雷电和暴风天气。

火山的分类

我们通常按照火山的活跃状态来对它们进行分类，即死火山（不再喷发）、休眠火山（暂时性不活跃）或者活火山（处于频繁的喷发状态）。它们还可以根据其形成的方式来分类，即盾状火山、层状火山、复式火山、破火山、海底火山和熔岩穹丘。

盾状火山

盾状火山具有宽广缓和的斜坡，底部较大，整体看来就像是一面倒卧的盾牌。这一类火山通常由流动性较高、黏滞性较低的玄武岩浆形成，它的覆盖面积很大，因此才能构筑出宽广的山形。夏威夷群岛的每个岛屿都是一座巨大的盾状火山。冒纳罗亚火山是组成夏威夷大岛的 5 个盾状火山之一。太平洋洋底到冒纳罗亚火山顶端的距离超过 9 千米，显然超过了珠穆朗玛峰的海拔高度。

▲ 层状火山

层状火山

层状火山是指火山口周围由火成岩屑或火山渣等火山喷出物质堆积而成的山丘，因此又称"火山渣锥火山"。熔岩碎屑在飞行的过程中会固结产生含有气孔的火山渣。层状火山一般高度在几十米到数百米之间。大部分层状火山在顶部都有一个碗形的火山口。在层状火山的不活跃期，岩浆中的气泡渐渐消失，并停止喷发。而层状火山本身也因为构造太为松散而无法支撑剧烈的喷发，愈来愈稠密的岩浆会从松散的火山底部渗出并在其周围形成一道熔岩流。渗出停止时，层状火山就像是一个湖中的岛。层状火山一般出现在盾状火山、复式火山和破火山的两翼。在夏威夷冒纳凯阿盾状火山的两翼，地质学家们发现了将近 100 座层状火山。

▲ 位于西班牙境内的泰德火山

有趣的事实

超级火山是指能够引发极大规模爆发的火山，它不仅可以造成地形的瞬间改变，而且还能改变全球气候，甚至引发影响全球生物的致命灾难。已知最近的一次超级火山爆发是公元前 26 500 年新西兰北岛的陶波火山爆发。

▲ 冒纳罗亚火山上清晰可见的火山口

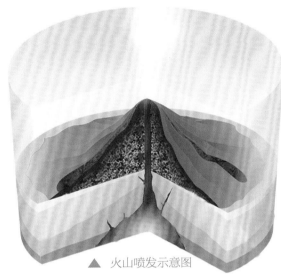
▲ 火山喷发示意图

▲ 印度尼西亚帕鲁维赫火山上的熔岩穹丘

复式火山

典型的复式火山都很大，由火山渣、熔岩流和火山灰互相叠加而形成，会喷出富含硅元素的安山质岩浆。它黏度极大，只能流动几千米。另外，复式火山会爆裂式地喷出大量的火山碎屑。大多数的大型复式火山由陡峭的山顶和有一定坡度的侧翼组成。粗大的火山碎屑从火山口顶部喷发，堆积在附近区域，形成了陡峭的山顶，而细小的喷发碎屑沉积在范围较广的区域，构成平坦的翼部。

海底火山

海底火山是在大洋底部形成的火山，分布相当广泛。海底火山喷发的熔岩表层在海底就被海水急速冷却，有如挤出的牙膏状，但内部仍是高热状态。绝大部分海底火山位于构造板块运动附近被称为洋中脊的区域。尽管多数海底火山位于深海，但是也有一些位于浅水区域。

熔岩穹丘

熔岩穹丘常见于火山口内或火山的侧翼，是一种圆顶状的突起，看起来类似某些植物的球根。熔岩穹丘是由高黏度的熔岩形成的，由于其黏度太高，不能从火山口远流，就在火山口上及其附近冷却凝固。熔岩穹丘会成长，这是由于地底岩浆库的空间不足以容纳所有岩浆，导致部分岩浆挤入穹丘下方。

破火山口

破火山口通常是由于火山锥顶部（或火山群）因失去地下熔岩的支撑崩塌而形成的，是比较特殊的一种火山口。猛烈的爆发除了形成破火山口外，还会使火山的高度大大降低。破火山口在累积降水或其他水源流入之后，将形成火山湖。

▲ 印度尼西亚林贾尼火山的破火山口

无法预知的地震

　　地震会以地震波的形式释放大量能量，地震波会从震源向四周辐射。全世界每天发生成千上万次地震，其中大多数只是轻微的震动，人类无法觉察。强烈地震发生在人口稠密地区的概率虽然不大，一旦发生却会产生极严重的破坏，毁坏建筑、道路和各类设施，引发火灾，造成人员伤亡，等等。

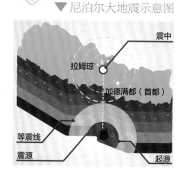

▼ 尼泊尔大地震示意图

断层

　　断层是指岩体受力作用断裂后，两侧岩块沿断裂面发生显著相对位移的断裂构造。它大小不一、规模不等，小的不足一米，大到数百、上千千米，但都破坏了岩层的连续性和完整性。在断层带，由于岩石破碎，易受风化侵蚀，沿断层线常常发育为沟谷，有时出现泉或湖泊。

　　地壳运动产生强大的压力和张力，超过岩层本身的强度，对岩石产生破坏作用导致岩层断裂错位。断层对地球科学家来说特别重要，因为地壳断块沿断层的突然运动是地震发生的主要原因。

震源和震中

　　震源是地震能量大量释放之处，即首先发生地震波的地方，通常指地下岩层断裂错动的地区。我们一般将震源看作是一个理想化的面或点，其对应的震源深度（震源垂直向上到地表的距离）是地震基本参数之一。震源投影至地表的位置被称为"震中"。震级相同的地震，震源越深，影响范围越大，地表破坏越小；震源越浅，影响范围越小，地表破坏越大。

▲ 美国加利福尼亚州圣安德烈亚斯断层带

世界上最主要的地震带

　　地震与火山分布一样，主要集中在地壳板块相互作用的地区。目前世界上主要有 3 个频繁发生地震的"地震带"：环太平洋地震带（发生的地震占总数的 80%）、从地中海一路向东延伸至喜马拉雅山区和印度尼西亚的欧亚地震带、位于各大洋洋中脊的洋中脊地震带。另外有一小部分大地震发生在板块内部，主要集中在大的活动断层带及其邻近地区，例如 1976 年的中国河北唐山大地震。

如何测量地震？

地震学家用地震仪来测量地震的震级。地震仪是一种能够侦测地面震动，测绘地震波波形，并输出震波图的仪器。地震仪由重锤、弹簧和记录设备三者组成。重锤是一个不会摇晃的参考点，在地震中因为惯性作用而近乎保持不动。弹簧被用于悬吊或支撑重锤，确保它不受地面摇晃的干扰。记录设备固定在地震仪的支架上，在摇晃过程中记录下自身与重锤的相对位置。地震仪记录下的地震波准确地反映出震动方式、震动方向、频率和周期等参数。

地震仪正在输出震波图 ▶

地震的预兆与预测

目前，我们仍无法准确地预测地震的发生时间，但通常地震发生之前都会有一些预兆，如动物的迁移、地下水的异常、地光、地鸣等。专业研究机构利用专业仪器的监控，也可发现地形变、地磁场、重力场、地温梯度等数据的明显异常。

地震的震源和震中 ▶

地震的类型

我们可以根据震源的深度和位置，对地震进行分类。按照震源深度的不同，地震可被分为浅源地震（深度小于 60 千米）、中源地震（深度在 60~300 千米）、深源地震（深度大于 300 千米）。按照震源的位置，地震可被分为板缘地震和板内地震。板缘地震发生在板块的边界上，环太平洋地震带上绝大多数地震属于这一类。发生在板块内部的地震叫做"板内地震"，例如亚欧大陆内部的地震。

地震波的类型

岩块滑移会产生两种地震波，一种被称为"面波"，在略低于地表的岩层中传播，另一种被称为"体波"，在地球内部运动。体波又可分为 P 波和 S 波。P 波在瞬间挤压和拉伸岩石。它是一种横波，运动方式与声带振动空气发声相类似。它可以在所有物质中传播。S 波的震动方向与其传播方向垂直。它会改变传输介质的形状，而介质在压力消失后不会恢复原状。因此，S 波无法在液体和气体中传播。

令人生畏的雪崩

雪崩是指大量的雪沿着斜坡表面快速向下滑动的现象。雪崩发生的原因通常是，积雪原本处于一种微妙的平衡状态下，一旦遇到外力，它就将失去平衡，造成雪块滑动，进而引起更多积雪运动。雪崩发生得往往相当突然，大量的积雪瞬间倾盆而下，迅速地掩埋附近的人及村庄。英文中的"雪崩"（avalanche）也可以指山体滑坡，不过人们通常更多地用它来指代雪崩。

向山下移动

一大块积雪变得不稳定之后，很容易脱离山坡上原来的位置，向山坡下滑动而且速度越来越快，将下方山坡上的积雪和冰裹挟而去。它的运动就像一条迅速流动的冰河，随着流动将冰的小颗粒推向空中。

粉状雪崩

在降雪时，一层又一层的雪堆积起来。这种构造称为"积雪场"。积雪场会导致两种类型的雪崩。通常情况下，积雪场的最上面一层比较薄弱。在这个薄弱的区域有很多不成形的干燥雪粉。这些雪粉在积雪场上移动，从而导致粉状雪崩。粉状雪崩的破坏性没有板状雪崩大。

板状雪崩

▼ 专业相机捕捉到的雪崩咆哮而下的画面

高山积雪在反复累积新雪的过程中逐渐形成雪床。雪床由许多雪层构成。由于每次降雪时的气温、风力、日照等因素都不相同，这些雪层有的牢固，有的脆弱。在雪崩易发区，雪床内各雪层之间的平衡状态很容易被微小外力打破，例如一个或几个人的重量，或者从上方坍塌的冰块、雪块。板状雪崩的特征是在雪崩始发地区雪块裂痕呈线性，看上去像是一大块雪块出现了崩落。裂纹扩展有时可达数百米长。即使该雪板的厚度很薄（小于 20 厘米），在滑落中带落的总雪量却有可能达到惊人的程度。

松雪雪崩

松雪雪崩始发的流动雪量较小，随后以梨形扩大雪崩规模。它最常发生在降雪过程中或降雪刚结束时。雪崩中流动着的雪，其内聚力很弱，所以在雪崩始发点的雪块裂纹并不向两边扩展，这与板状雪崩不同。较为陡峭的坡度是激发松雪雪崩的必要条件。当下滑的雪粒达到一定速度时，它将形成由悬浮雪粒子构成的雪云，沿着山坡一路奔下，速度达到 100 千米 / 时以上。松雪雪崩的破坏力在很大程度上来自雪崩气流，在运动轨迹上的一切物体都将被摧毁。

湿雪雪崩

湿雪雪崩的酝酿条件是某个一定厚度的雪层浸透了水。在陡峭的山坡上，几个雪球就能触发这类雪崩，随后其厚度和宽幅都会增加，随之流动的雪量也可能变得极为庞大。

湿雪雪崩如泥石流般，流动较为缓慢。它的流动路径受地形起伏引导，多是沿着峡谷流动。

雪崩的防护

人们目前已经找到了一些防范雪崩的方法。例如，为了保护雪山脚下的村庄，人们会向危险区域发射炮弹，实施爆炸，提前引发积雪还不算多的雪崩。此外，他们还在山脚处设立巨大的防护网以拦截雪崩，并设有专人巡视。

人类与自然的互动

　　从前，世界人口的绝大多数都以农业生产为业。人类古代文明中心依水而建，通过各种水利灌溉设施确保农作物的生长。总的来说，自然地理学所研究的正是与农业息息相关的气候、土壤与植被。

　　随着人类知识的扩展，地理学诞生了更多的分支。对地理学感兴趣的人，现在可以学习这些分支中的某个或多个，并以此作为职业。传统的农业依然存在，不过今天的人们还可以在气候学、采矿、环境管理、交通运输、通信和城市规划等领域选择自己的职业。

农业的发展

农业有着悠久的历史，据考古研究发现，早在 1.1 万年前，在两河流域及埃及等地，人类就已有计划地进行播种和收成。农业出现之前，人类使用狩猎和采集等最初级的生产方式。农业的出现，意味着人类社会大幅度地提高了生产的效率。

在相当长的一段时间里，农业生产依赖于土壤、水流、日照时间等自然条件，因此有"靠天吃饭"的说法。但随着科技的发展，人们通过兴建水利、搭建温室、使用化肥及农药等方法，在一定程度上减少了农业对自然气候的依赖。

农业的开端

人类文明建立在耕作等农业活动的基础上。在农业出现之前，人类无法建立定居社会。他们不得不四处奔走，寻找食物。他们采摘野果，猎取飞禽走兽。也就是说，人类最早只是采集者和猎人，对如何栽种作物一无所知。

农业最早发源于中东地区。当时，人们在肥沃的冲积平原上尝试种植小麦和大麦。后来，为了便于采集小麦与磨粉，人们开始磨制石镰与杵臼，这标志着人类进入了新石器时代。

驯化

从生物学的角度来说，驯化是指一种生物的成长与繁殖逐渐受另一种生物利用与掌控的过程。人类栽培各种农作物和发展畜牧，其实都是在对物种进行驯化。早期人类驯化动植物的目的主要是获取更多的食物，但后来驯化的某些动物也被用于制革、运输和娱乐。人类大约在 1.5 万年前就驯化了狗，随后又驯化了绵羊、山羊、猪、牛、猫、鸡，等等。

▼ 在农场里卖力耕作的牛

有趣的事实

在大约 5 000 年前，小麦传入中国。它在中国经历了一个由西向东、由北而南的传播过程。在现代汉语中，"小麦"的"麦"字源自它的象形字——其甲骨文的上半部象征成熟的麦穗，下半部象征它的根系。

农业的发展

在驯化了多种家畜之后，大约在公元前 3 500 年，两河流域及古埃及的农民开始尝试使用犁。犁是一种耕作的农具，用途是破碎土块并耕出槽沟，为播种做好准备。人类发明了犁、锄、耙等各式工具，渐渐地，田地里的出产和驯养的家畜都有了剩余。在新石器时代晚期，世界各地农民种植的作物已经极为丰富，除了各种谷物、蔬菜、豆类和水果之外，人们还开始栽种亚麻、棉花等经济作物。

在有了充足的食物之后，人口走向增长，村庄逐渐发展为城市，人类文明就此露出曙光。

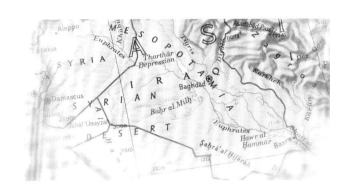

灌溉

农业作物的生长需要水分，因此人们学会将附近的水源引来浇灌农田。人类最早的大规模灌溉系统出现在古埃及。为了充分利用尼罗河定期泛滥的规律来发展农业，古埃及人从很早起就开始修筑堤坝，试图控制和疏导洪水。他们甚至还开辟了运河。为了方便浇灌蔬菜果园，古埃及人还发明了一种汲水工具——桔槔。数千年来，灌溉技术一直是农业的中心特征，是许多国家经济与社会的基础。

农用工具的发明

在两河流域，人们除了发明犁并用牛和驴来拖犁之外，也开始使用锄和镢。古巴比伦人还发明了一种新式农具——带有播种器的耧，它使得人们可以一边耕地，一边播种。在公元前 2000 年前后，古埃及人已经发明出了牛拉的木犁、碎土的木耙和金属制作的镰刀。我们至今在一些墓葬的壁画中还能看到人们赶牛扶犁进行耕作的画面。古印度人约在公元前 1000 年开始大量制作铁制农具，包括锄、镰马、铲子等。中国在夏、商、周时期，不但有了精耕需要的除草农具，还开始制作青铜农具。据研究统计，当时中国已有十几种类型的农具。

农业革命和工业革命

在 17 世纪中叶至 19 世纪末，英国出现了农业劳动和土地生产率的空前增长。由于这一革命性的发展释放出大量的农业人口，它被认为是英国出现工业革命的要素之一。当时，耕作方法的一项重要变化是以轮作的方式代替休耕。例如，人们常常将芜菁和三叶草进行轮作。芜菁可以在冬天种植，而三叶草有助于将大气中的氮固定为肥料。这两种作物可以作为饲料喂养更多的牲畜，而牲畜粪便又能进一步增加土壤肥力。

▲ 收获期间的棉田

农业生产技术

进入 20 世纪之后，西方发达国家以及一部分发展中国家的生产力得到了很大的提高，以能源为动力的机械力取代了人力，化肥、农药以及人工育种获得了广泛的应用，作物产量得到大幅提升。

经济作物

特定的气候条件决定着一个地方可种植的农业作物。通常来说，在粮食供应充足的地方，高经济价值的经济作物可以给农民带来更丰厚的回报。亚洲热带地区的经济作物包括油棕、橡胶、咖啡、可可、胡椒、椰子、甘蔗等。

▲ 种植咖啡树可以获得不错的经济回报

刀耕火种

刀耕火种是一种以砍伐及焚烧林地上的植物来获得耕地的古老农业技术。农民首先会砍伐一个地方的树木，再焚烧树桩，富含营养的草木灰可为土壤提供肥力，生产力也因此暂时性得以提升。但是，在经过数年的耕作后，这一类的耕地会因养分大量流失而变得贫瘠，不具备可持续性。

▲ 刀耕火种只能被小范围地应用，否则会对环境造成极大破坏

间作

间作是指将两种或两种以上生长周期相近的作物在同一块田地上同时成行或成带地相间种植的方式。人们通常将高大且喜阳的作物与低矮且喜阴的作物进行间种，例如将豆类作物种植在每行玉米之间。

▲ 成行种植的卷心菜

选择性育种

只有最基础的农业才会使用野生状态的动物和植物物种。今天，大多数农场里养殖的动物和农作物都是通过选择最佳样本然后育种培养出来的。例如，奶牛的产奶量更高，水果和蔬菜的味道更加鲜美。选择性育种还使得农作物有更好的耐霜冻及抗虫害的能力，并且能大幅度地提高产量。

▼ 田野里成群的牛和羊

有趣的事实

农民可以分为两种类型。"糊口农民"种植作物主要是为了给自己的家人提供食物。他们将剩下的余粮卖掉换钱。商业化农民种植作物就是为了卖钱。这些作物还可能用作原材料（如用于纺织工业的棉花）。

▲ 牛和羊的粪便可以提高土壤的肥力

▲ 轮作是一项重要的农业技术

▲ 使用间作法种植的迷迭香和甜菜

耕牧混合农业

农民常常在一片封闭的田地上放牧牛、羊，它们能够吃掉田中的杂草，其排泄出的粪便则成为土地的肥料。然后，农民可以开始对这片土地进行耕作，利用被施过肥的土壤来种植庄稼。这时，牲畜将被带往另一块田地上放牧。在庄稼收割之后，农民可以再将牲畜带回来，这时第二块田地又可以进行播种了。至今，一些农民仍在利用这种方法耕作，以避免大量使用化肥。

轮作

轮作也称轮耕，是指在同一块土地上轮流种植不同的作物。不同作物通常对特定养分需求不同，轮流种植不同作物有时甚至可以起到互相补充特定养分的作用。例如豆科植物具有根瘤菌，可以将大气中的氮固定到土壤中，从而提高土壤的肥力，使其他类型作物提高产量。此外由于害虫通常只会侵袭特定植物，轮流种植不同作物，可以干扰害虫的生长周期，减少虫患。例如，当稻田里出现水稻螟虫时，如果农民持续地种植水稻，水稻螟虫就会大量繁殖，造成严重的减产。然而，只要农民在收割水稻后轮作豆类、洋葱等作物，就可以有效地控制水稻螟虫的增长。

获取水产品

　　和农业一样，渔业也是全世界最古老的职业之一。人类从古至今一直在利用这项技术获取食物和发展贸易。鱼类和贝类在人类全部的动物蛋白质消费中占比约为 20%，东亚、东南亚、非洲、拉丁美洲等地有近 10 亿人以鱼类为主要的蛋白质来源。

鱼类的供给

　　每年全球供给的鱼类通过以下 3 种方式获得：

- 内陆捕捞，即从池塘、湖泊和河流中捕捞。
- 水产养殖，指在受控制和有限的环境中生产鱼类。
- 海洋捕捞，指在沿海水域或公海中捕捞野生鱼类。海洋捕捞到的鱼类在全球渔获量中的占比最大。

叉鱼

　　用鱼叉捕鱼是一种较原始的捕鱼方式，最早见于旧石器时代，当时的鱼叉是在竹竿或木杆一端装上尖刺制成的。如今，有一些渔民仍在延用这一方式，他们将长绳系于鱼叉之上，以投掷方式刺杀鱼群。

钓鱼

　　最基本的钓具包括鱼竿、鱼线、鱼钩、沉子、浮标、鱼饵。今天的钓竿多以玻璃纤维或碳纤维制成，钓竿和鱼饵用丝线连接。鱼饵可以是蚯蚓、米饭、菜叶等，也有专门制好的鱼饵出售。根据不同的对象，钓鱼者将会选择不同的钓组配置。例如要钓鳗鱼时，要用双刺钩代替普通鱼钩。

▲ 在鱼上钩之后，钓鱼者就摇动线轮将鱼拖出水中

▲ 潜水者用捕鱼枪来捕鱼

▲ 在海钓中，钓鱼者要用到更长的鱼线和更坚固的线轮

有趣的事实

自 19 世纪末爆炸性鱼叉与蒸汽动力的捕鲸船出现之后，人们大量捕鲸以获得鲸脂，并用鲸脂制造灯油。因此，鲸的种群规模快速下降。1982 年，国际组织通过《全球禁止捕鲸公约》，禁止成员国进行商业捕鲸，只允许以科学研究为目的的捕鲸活动。

▲ 黎巴嫩一座渔港的渔船和渔网

钓鱼是一种▶
有益身心的
休闲运动

▲ 用冰保鲜的鲑鱼

▲ 单拖网

▲ 过度捕捞已经造成海洋渔业的产量下降

渔港

渔港是指具有渔业功能，能够停泊渔船的港口，可分为近海渔港和远洋渔港。大型渔港一般设有鱼市场、起卸码头，且具备渔船补给（加油、加水、加冰）、鱼货加工及冷冻、船机修理、设备保养等功能。渔港大多设于交通便利之处，以方便鱼货的运输销售。

行船拖钓

行船拖钓就是船在行进中将多条鱼线拖在船尾，钩饵随船拖动，使鱼抢食，一般只用于捕捉体型较大的掠食性鱼类。拖钓所用的鱼钩、鱼竿及鱼线均需具备一定的承受力。拖钓的主要对象有金枪鱼、鲨鱼、旗鱼、鲭鱼、鲔鱼、鲣鱼等，方法基本一致，但其使用的船只、鱼竿、鱼钩、鱼线和鱼饵则各有特点。

拖网捕捞

拖网捕捞是指用渔船拖曳袋形的渔网，迫使捕捞对象进入网内的捕捞作业方式。它能主动灵活地拖捕鱼群，在近海渔业与远洋渔业中皆可应用。捕捞对象以底层和近底层的鱼、虾和软体动物为主。底拖网捕捞会严重破坏海床与海洋生态，使许多鱼类因无法获得足够的食物而死亡。

过度捕捞

联合国的报告显示，由于过度捕捞，全世界 17 个主要海洋渔业区的渔获量正在逐年下降。美国政府有关部门则报告称，67 个北美鱼种正在被过度捕捞。不加控制的过度捕捞有可能导致资源耗损，从而造成渔业补贴加剧、生物生长速度降低和严重的生物密度下降。对鲨鱼的过度捕捞已经扰乱了整个海洋生态系统。

开采矿物

数千年来，人们一直从土地中挖掘有用的矿物。最早的矿工除了寻找可作为工具的片状燧石，还寻找闪闪发光的各类金属，如金和银。之后，人们又掌握了将锡和铜从矿石中提取出来并制作青铜器的技术，也学会了冶炼铁矿制出铁和钢。许多有价值的材料，如建筑石材、煤炭、石油以及各种珍贵的宝石都是人们从地下开采出来的。

矿井是如何制造的？

矿井是人为创造的。要想创造矿井，需要彻底清理土地上的植被和动物。使用采伐森林的方法清理植被，例如砍伐和焚烧。然后推平裸露的土地，进行钻探。接下来使用挖掘机将矿物从土壤中挖掘出来。

▲ 矿床开采往往对环境是有害的

如何开采矿物？

古代的矿工从地面往下挖竖井，到达一个矿床夹层后就沿着它延伸的方向水平挖开，直到达到可进行开采的条件。如今，矿井和隧道仍然是现代矿工们每天面对的生产环境。然而，有一些采矿技术是没有危险性的，例如早期的淘金，只需通过用清水淘洗，重金属就能从河沙中分离出来。

▲ 一座露天矿坑

▼ 工作中的采矿工人

▲ 矿场中运送矿石的车辆

▲ 在采石场采出的花岗岩

有趣的事实

翡翠需要使用温和的技术进行开采。开采过程中只有某个阶段会用到中型机械。在其他阶段，成群的人聚集在一起，使用铲子等简单工具挖掘翡翠。

目前，全世界已探明的宝石级翡翠原料仅产于缅甸北部。由于经济与科技条件所限，当地人仍在用相当原始的手段进行开采，只有少数矿场引入了大型机械设备。

露天矿坑

一些大型矿场是露天的矿坑，工人们操控着机械挖掘机在矿床中进行挖掘。大型卡车沿路开入，将采出的矿石运出。当露天矿坑被开采殆尽之后，人们会将其作为垃圾填埋池，堆放城市垃圾。

采石

要想从天然石材中获取建筑石材，需要进行切割处理。过去，采石工用楔子、锤子甚至炸药从山体上劈出石块。但现在，人们更多地用镶嵌着工业钻石的巨型电锯来完成这一类的工作。

深矿井

采矿业中代价最高也最危险的一个环节就是在地下挖掘深的矿道。地下水平的巷道与竖井被连接起来，矿工们要乘坐电梯沿竖井深入地下的作业面。深矿井需要经常排水以及注意温度变化。一旦发生坍塌或瓦斯爆炸，在这里工作的矿工们就有可能要付出生命的代价。

石油开采

在勘探到油田之后，石油工人从地面向下钻孔，到一定深度后，便可钻探到液态石油和天然气的储层。在地下很深的地方，这些流体处于高压环境下，压力迫使它们涌入钻井并喷出地面。海上钻井平台在海床下面开采油气资源。它可以被固定到海底，也可以浮于海上。

采砾场

在机械的帮助下，人们能够从矿坑里开采砾石。沙子是用这种方式开采出的另一种有价值的矿物。在全世界的建筑行业中，砾石和沙子在全年任何时候的使用量都非常巨大。纯净的沙子被用来制造玻璃，形态更细腻的砾石被用于制造黏土。除此之外，我们也可以从海床中使用疏浚机开采砾石。

大规模生产

　　工业革命之后，西方发达国家的工业发展带动了一些新产业的崛起。人类挣脱了几千年来固定不变的以农业为主的生活方式，面向市场经营的公司有能力扩张到昔日无法想象的规模，并通过提供各种商品与服务获取数之不尽的财富。

产业分类

　　产业指一个经济体中有效运用资金与劳动力从事经济生产的各种行业。20 世纪 30 年代英国经济学家阿·费希尔（A.G.B.Fisher）率先在《安全与进步的冲突》一书中提出"第三产业"的概念。自此之后，第一产业、第二产业及第三产业的划分方法成为国际通行的行业分类方法。

▼ 第二产业需要以大量的原料供应为基础

● 第一产业

　　第一产业，又称初级产业，是指位处一件产品的生产链最低层的行业。这些行业在一件产品的生产链中担任原料开采工作，是该产品自生产至供应市场的最早阶段。农业、林业、渔业和采矿业都属于第一产业。

▼ 渔业属于第一产业

● 第二产业

　　第二产业，又称中级产业，是指位处一件产品的生产链中层的行业。这些行业在一件产品的生产链中担任原料加工的工作，是该产品自生产至供应市场的中间阶段。建筑业、造船业以及各种轻工业都属于第二产业。

▼ 建筑业的工人正在施工

● 第三产业

　　第三产业，又称服务业，是指位处一件产品的生产链中最上层的行业。这些行业在一件产品的生产链中担任物流、分销、中介等工作。第三产业需要接触产品的终端顾客。零售业、银行业、金融业、投资业和交通运输业都属于第三产业。

▼ 运输业属于第三产业

其他的产业分类

一个经济体中的产业有许多种分类方式，例如，可以根据其中的技术含量分成低端产业、中端产业和高端产业，或者根据所获得的利润将其分为低利润产业、中利润产业、高利润产业，等等。

消费品

在经济学中，消费品是指最终用于消费而非生产其他产品的材料。例如，销售给最终消费者的汽车是消费品，而作为汽车零部件销售给汽车制造商的轮胎则是半成品。我们每个人在日常生活中最常接触到的商品大多是生活消费品，它们主要是由第二产业制造的。

耐用品

耐用品指不容易耗损，可以长期使用的商品，通常指至少能使用 3 年以上的商品。电视机和笔记本电脑都属于耐用品。取决于商品的性质，耐用品可能需要一定程度的维护。由于耐用品的售价较高，它的购买数量可以被看作民间消费能力的一项指标。

> **有趣的事实**
>
> 产业、工厂和公司等经济组织形式都是自 18 世纪中叶以来的工业革命后在西方发展起来的。

非耐用品

这些商品是买来进行即时消费的，使用时间不超过 3 年。食品如水果和糕点属于非耐用品，服装也属于非耐用品。

食物属于非耐用品 ▶

商品资本

商品资本是指以商品形式存在的资本，是产业资本在其循环中所采取的除货币资本和生产资本之外的第三种职能形式，即在出售阶段采取的形式，它是 4 种基本生产要素之一（另外 3 种要素为劳动力、土地、企业家）。生产过程所需的机器、工具、厂房、电脑或其他设备，都可被视为典型的商品资本。由于可以生产商品并获取利润，商品资本又被称为"生产资料"。与商品资本相较，消费品是消费者直接购买，以供个人或家庭使用的。举例来说，基于私人使用的车辆被看成是消费品，而制造业所需要的卡车则是商品资本。

通行到世界各地

　　交通运输业是现代产业之一，它将全世界连接成一个四通八达的网络。交通运输业的出现改变了人类的生活方式。人们可以到达地球上的任何地方，国际贸易的发展速度也得到了大幅提高。与通信网络、电力供应等产业一样，运输业也是与现代文明息息相关的基础建设中的一部分。

公共交通

　　公共交通泛指所有向大众开放并提供运输服务的交通方式。从广义上说，公共运输包括民航、铁路、公路、水运等交通方式，而在具体的城市范围内，它一般是指公共汽车、轨道交通、渡轮、索道等交通方式。

公共交通的好处

　　公共交通比私人交通便宜得多，因为并不是城镇里的每个居民都能买得起汽车。道路上数量太多的汽车会导致严重的交通堵塞。从城镇的一个地方移动到另一个地方会变得缓慢且充满麻烦。如果将太多时间花在交通上，那么能够完成的工作就会减少。这会影响经济发展，还会导致严重的污染。公共交通减少了道路上的汽车数量，从而减少了污染。

▲ 地铁出现在发达的大城市。它们一次可以运输数千人

运输货物

　　现代物流包括运输、保管、配送、包装、装卸等基本活动，可以极为快捷地将供应者提供的货物送至需求者手中。它通过计算和规划来控制原材料、制成品在供需及仓储之间转运。如同互联网一样，杰出的物流系统可以起到推动全球化的作用。一个国家如果希望更进一步地与世界连接，就必须大力发展本国的物流管理系统。

公共汽车

公共汽车通常可以载客 25~80 人，但近年来随着各种新型客车的出现，载客量及乘坐方式已出现了许多变化。世界上绝大多数国家已建立起经过规划的公共汽车交通网。公共汽车每天按照固定的时间表沿预先规划的路线行驶，经过沿途车站时短暂停车，以方便乘客上下车。与私人轿车一样，公共汽车大多以汽油为燃料。不过，越来越多的城市已经开始推广使用天然气等对环境友好的燃料的公共汽车。

海上运输

自古以来，船只就是运输重型货物的好办法。早在公元前 1000 年，腓尼基商人就已经在地中海上航行了。许多国家在国内建造运河网络，将大城市连接在一起，这对于各类工业的发展至关重要。海上运输一度要冒很大的风险，但随着强劲的发动机以及卫星导航技术的出现，船只远航的风险已被降至最低。海上运输所需时间较长，但运费较为低廉，这是空中运输与陆路运输所不能比拟的。

航空运输

航空旅行过去是少数人才能负担的奢侈旅行方式。然而，由于飞机票越来越便宜，以及引入了安全性更高的大型喷气式客机，它已经成为数亿人都可以享受的一种长途旅行方式。飞机也被用于运输重量较轻且容易损坏的商品，如鲜花、水果等。在澳大利亚和加拿大等面积广大但人口稀少的国家，小型飞机可以使地区之间的交通运输变得更为高效。

基础设施

国家基础设施是一个系统工程。它不仅包括所谓的基础建设，如电网、通信、供水、交通等公共设施，也包括教育、科技、医疗卫生、文化及体育等社会性的基础设施。

公路网

现在，多车道的高速公路将主要城市及市内公路连接起来，由此形成庞大的公路网，连一些最小最偏远的居民点也可覆盖在内。公路网对于一个地区的运输来说十分重要，对于食品、燃料以及其他物资的供给也非常必要。

取之不尽的能源

　　能源是人类社会的"主导资源"，我们利用能源使所有其他资源为人类所用。能源可以用多种方法提取。不过，事实上，地球上几乎所有能源都是太阳能的储存库。

可再生能源

　　大量使用化石燃料引发的全球变暖问题，以及核能的不安全性，促使人们试图利用无所不在的可再生能源。可再生能源具有自我恢复的特性，是一次能源（自然界中以原有形式存在的、未经加工转换的能量资源）中可持续利用的一部分，包括太阳能、生物质能、水能、风能等。

● 太阳能

太阳能是太阳中的氢原子核发生聚变反应所释放的辐射能，是地球上光和热的源泉。太阳能的利用有 4 种基本方式，分别为光热利用、光电利用、光化利用和光生物利用。在这 4 种太阳能利用方式中，光热利用的技术最成熟，产品也最多，成本相对较低。太阳能热水器就是一种将太阳光能转化为热能的加热装置，它可将水从低温加热到高温，以满足人们的热水需求。

▲ 太阳能电池板安装在屋顶，它将太阳能转化为电能供各种家用电器使用

▼ 生物质产生的能量很大一部分来自木材

- **生物质能**

人类和动物排泄物（例如粪肥）、木材、生物废料和垃圾，被称为"生物质"。通过燃烧，这类有机物可以成为日常生活中的热源或被转化为可利用的液体或气体。生物柴油以植物油为原料，可以为柴油车提供动力。把生物质转化为燃料的方法有很多，除了直接焚烧，中国许多农村地区还修建了沼气池，这种方式能更有效率地利用生物质。

- **水能**

水能是水流从高处落至低处时产生的能量。下落的水流推动水车，产生的机械力可以被用来碾磨麦子。它也可以推动涡轮叶片，从而驱动发电机发电。水能是一种清洁能源，利用水能的过程不会产生任何污染。

- **风能**

只需有强劲稳定的风，风车就能不用任何燃料直接驱动发电机。而且，建造和安装风车的成本相对来说比较低廉。近年来，设计技术的发展进一步降低了风力发电的成本，提高了存储效率。风能是一种清洁能源，对大气和水体不构成污染。

技术

从可再生能源中提取能量需要利用特定的技术。例如，通过太阳能电池板来储存太阳能，需要借助所谓的"光伏电池"，即一种用硅制造的半导体器件。要利用水能，需要先兴建水坝拦截河流，然后才能借助涡轮机将水能转化为电力。风车发电虽然成本较低，但由于风的间歇性和不稳定性，我们需要开发出更高效、更大容量的蓄电电池以面临有关电能储存的挑战。

不可再生的能源

和可再生能源不同，不可再生能源是在漫长的岁月中缓慢地生成的。单位体积的化石燃料所蕴藏的能量需要经过极长的时间才能聚集成可利用的形式，然而只要一瞬间，它就可以转化为热量并被彻底耗尽。因此，为了节约能源和避免浪费，我们必须慎重地对待不可再生能源的利用。

化石燃料

▼ 化石中迄今仍清晰可见的海螺遗迹

化石燃料由数百万年前海底、湖底大量浮游植物和浮游动物等有机物残骸经厌氧消化而形成。伴随地壳的运动，这些有机化合物同泥土混合在一起，在极高的热量和压强条件下，发生了化学变化。尽管存在着消耗速度过快以及污染环境等问题，化石燃料目前仍是人类社会最主要的能源来源。

石炭纪

石炭纪是地球历史上的一个地质时代，从 3.59 亿年前开始，一直延续到 2.99 亿年前。它的名字源于该时期在全世界各地形成的煤。这一时期正值蕨类植物、软骨鱼类在地球上兴旺发达的时代，昆虫在此期间由最早的无翼类别发展成有翼的类别。

为什么化石燃料的形成需要数百万年？

沉积在湖泊和海洋盆地里的有机物残骸，通过厌氧菌的分解，可以被转化为能量储存起来。这个过程通常又被称为"无氧活动"。化石燃料在地质活动中形成，与我们今天利用生物质产生沼气一样，是基于同一个原理。由于厌氧菌在新陈代谢过程中产生的能量较低，所以它生长得十分缓慢。完成对分布于全球各地的这些有机物残骸的分解，对这些小小细菌来说，的确是十分艰巨的任务，无怪乎它要花上数百万年的时间。

▲ 架设在海中的石油钻塔

◀ 考古学家收集化石，用于对古代动植物的研究

煤炭

　　煤炭是一种可燃的黑色或棕黑色的沉积岩，通常存在于被称为"煤床"或"煤层"的岩石地层或矿脉中。煤主要由碳构成，但也含有氢、硫、氧、氮等其他元素。根据其碳化程度的不同，煤炭可以依次分为泥炭、褐煤、次烟煤、烟煤、无烟煤。无烟煤碳化程度最高，泥炭碳化程度最低。

　　在工业化国家，煤主要以焦炭的形式被用于发电和炼制生产钢铁。由于利用效率比石油或天然气低，煤炭在燃烧时排放出更多的二氧化碳，造成的污染较为严重。

▲ 煤炭是从地下或露天矿层中挖取的

石油

　　石油是一种黏稠的、深褐色（有时为暗绿色）的液体。它又被称为"原油"。石油可分布于地壳的不同深度。目前，地表附近的石油已被采尽，我们只能借助钻井和石油平台来开采埋藏比较深的油田和海底下的油矿。

　　石油主要被用来作为燃油和汽油，也是化肥、杀虫剂和塑料等化学工业产品的原料。由于用途广泛且价值高昂，石油又被称为"黑金"。

> **有趣的事实**
>
> 天然气被称为近乎完美的能源，因为它效率高、用途广且基本上不产生污染。它的主要成分是甲烷以及少量的硫化氢，因此它有一股臭鸡蛋的气味。

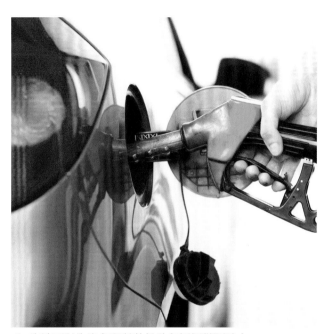
▲ 汽油可以为汽车和其他机动车辆提供驱动力

核能

　　核能是指利用可控核反应来获取的能量，所采用的方式包括核裂变和核聚变。核裂变是指分裂铀-235的原子核，这时约有千分之一的原始质量将会转化为热能。释放的热量通过热交换器产生蒸气，再驱动汽轮机发电。核聚变是强行把氘和氚的氢原子结合为氦并释放出极其巨大的能量。太阳和其他恒星就是通过这种聚变反应诞生的，而人们谈之色变的氢弹，其实是一种短暂的不受控的热核聚变。

　　人们一度将发展核能视为减少碳排放和减缓气候变化的最佳解决方案，然而随着近年来各种核事故的频发，人们对于使用核能的安全性产生了越来越多的担心。

▲ 核电站

保护环境

　　工业和交通运输的进步带来了一些环境问题，例如污染和全球变暖。世界人口在 20 世纪出现了令人警惕的增长。如今地球上大约有 77 亿人，人类生产、生活所需要的资源与日俱增。为了每个人都能获得美好的生活空间，我们必须更加大力地提倡保护环境。

来自工业的污染

　　工厂、发电机每天都在把大量的烟灰和废气排入大气。这些工业废物会在空中形成浓密的、令人窒息的烟雾，严重地威胁城市居民的身体健康。一些废气还有可能与空气中的水蒸气结合在一起形成酸雨，造成树木和鱼类的死亡。采矿业、造纸业和化工厂则会产生大量有毒的废弃物。如果这些废弃物不经处理就被排放到河流中，有可能毁掉整个河流的生态系统。

▲ 工厂向周围环境排放大量有害气体

垃圾

　　直至 20 世纪中叶，人类产生的大部分垃圾都采取填埋的方式处理。这些垃圾分解得非常缓慢，而其中的塑料制品在自然条件下几乎不分解。它们堆叠在一起形成了花花绿绿且散发难闻味道的垃圾堆。一些垃圾被冲入海中，大量海洋生物因为误吞塑料制品而死亡。

▲ 金属、塑料、纸张和玻璃是可回收再利用的垃圾

环境保护

　　环境保护是指为大自然和人类福祉而保护自然环境的行为。自 20 世纪 60 年代起，环保运动已渐渐令大众更加重视身边的各种环境问题。人们越来越注重依法保护、恢复并改良自然环境，控制污染以及保护动植物多样性。人类要想获得更长远的发展，就必须平衡自身与各个自然系统之间的关系。

避免浪费

　　如果人类大量丢弃还可继续利用的物品，而且不注重资源的回收，就会给地球环境带来极大的负担。作为世界公民，我们有责任确保资源（尤其是非可再生资源）被用来制造生产与生活中的必需品，做到物尽其用。

气候分析

　　谁能告诉我们世界各国有着怎样的气候？谁让我们知晓下一个世纪的气候变化？那便是气候学家。气候学家主要研究气候的形成、气候要素的时空分布、区域气候的特征、气候变化的规律，以及如何合理开发、利用气候资源等。

气候学家都做些什么？

　　气候学家通过观测今天的大气状况来预测明天的天气。他们侧重于研究以往大气的运动规律，以便搞清楚今天正发生什么天气现象，以及未来可能会出现的天气现象。全世界每天能获得大约 6 万个地面站的气象数据和 2 000 个探空气球的数据等，这些数据都被记录下来供气候学家预测未来的气候变化和建立气候模式。气候学家也通过一些间接的方式，例如研究树的年轮、冰核等来推测历史上的气候状况。

中尺度和天气尺度气象学家

　　根据他们的专业技能，气象学家分为中尺度气象学家和天气尺度气象学家。中尺度气象学家研究气候、风暴以及和气候相关的其他自然灾难的模式。他们的研究关注面积较小的地区或区域，如一座孤立的城市或城镇。而天气尺度气象学家关注的是大型地区（例如一个国家或者一片大陆）的天气模式和气候模式。

天气系统的尺度

天气系统的尺度分为行星尺度、天气尺度、中尺度和小尺度。大气变量中的天气尺度瞬变扰动，可以用于解释区域持续性的干旱、暴雨、低温和热浪等极端天气事件。天气尺度瞬变扰动天气图能在极端天气事件的预报中发挥应有的作用。

高度复杂的气候模式

　　气候模式在未来气候预估中具有不可替代的作用。它的建立以描述动量的物理学和动力学，以及描述大气、海洋、冰和陆地上的各种过程的数学方程为基础。在模式建立之后，它还必须利用来自地面站、船舶、浮标、飞机、探空气球和卫星的观测材料来建立模式预测的初始条件，之后才能由计算机通过大量计算得出有关气压、温度、降水量等气象要素的预测值。

未来气候变化的影响

　　根据世界各国气候学家的研究，在 21 世纪中期以前，冰川和积雪储水量的下降，将减少靠山区供水的地区的可用水量，影响世界上六分之一以上的人口。如果全球平均温度升高超过 1.5~2.5℃，地球上 20%~30% 的物种可能会灭绝；如果超过 3.5℃，物种灭绝的比例将达到 40%~70%。另外，由于天气变暖带来更多的极端天气，全球的粮食产量也将出现更大的波动。

规划城市

城市规划是对城市可用空间的设计和管理。它主要包括城市空间规划、道路交通规划、绿化植被和水体规划等内容，以及由此所产生的社会、经济和环境影响。城市规划是一种高技术性的职业，需要大量调研和定期更新信息。

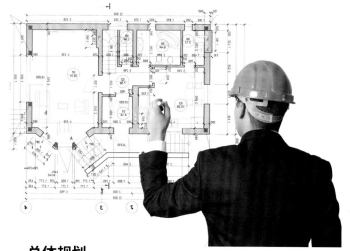

城市规划中的社会因素

城市规划师不仅需要当局的合作，还需要来自公众的参与和配合。城市规划师在进行规划时必须考虑城市未来的发展，同时还要考虑可利用的基础设施和预算情况。如果预算超支，城市规划师有可能要面临来自当局的强烈反对。城市规划师还必须确保他为城市规划的新形象及各种功能可以很好地服务于公众，否则他将面临激烈的批评。

城市更新

许多发展历史相当悠久的城市，必须通过更新来解决原有市中心功能紧缩的问题。城市更新分为3种方式，分别为整建、重建与维护。它可以有效地促进城市土地的再开发利用，复苏城市机能，改善居住环境，提升公共利益。

总体规划

20世纪初，西方发达国家的城市经历了快速的扩张和开发，城市的每个角落都在迅速地开展建设，将城市开发纳入控制性规划并进行系统化的管理变得很有必要。为了做到这一点，各个地方的市政府开始为城市制订总体规划。总体规划一般以20年为规划期，是面向城市性质、发展方向、规模等城市"总体布局"的规划。